两栖动物图鉴

李仕泽　王　斌
栗海军　刘　京
/主编/

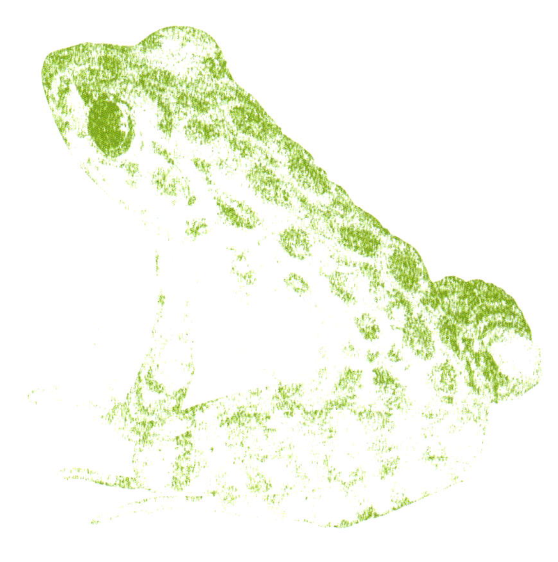

中国林业出版社
CFPH China Forestry Publishing House

贵州两栖动物图鉴 / 李仕泽等主编. -- 北京 : 中国林业出版社, 2024.5
ISBN 978-7-5219-2661-3
Ⅰ. ①贵… Ⅱ. ①李… Ⅲ. ①两栖动物－贵州－图集
Ⅳ. ①Q959.508-64
中国国家版本馆CIP数据核字(2024)第066572号

图书在版编目（CIP）数据

本书获国家自然科学基金（3196099，32070426，32270498，32260136）；
贵州省科技支撑项目（黔科合支撑〔2020〕4Y029）；
贵州省科技计划项目（黔科合基础〔2020〕1Y083，黔科合基础-ZK〔2020〕一般540）；
中国科学院西部青年学者项目（2021XBZG_XBQNXZ_A_006）；
贵州省野生动植物保护协会项目资助

策划编辑：张衍辉
责任编辑：张衍辉　葛宝庆
封面设计：北京鑫恒艺文化传播有限公司

出版发行：中国林业出版社
（100009，北京市西城区刘海胡同7 号，电话010-83143521）
电子邮箱：cfphzbs@163.com
网址：www.cfph.net
印刷：北京博海升彩色印刷有限公司
版次：2024年5月第1版
印次：2024年5月第1次
开本：787mm×1092mm　1/16
印张：18.25
字数：358千字
定价：180.00元

编委会

主编单位

茅台学院　中国科学院成都生物研究所

贵州大学　贵阳学院

主　　编

李仕泽　王　斌　粟海军　刘　京

副 主 编

魏　刚　徐　宁　张明明　胡灿实

编　　委

李仕泽　王　斌　粟海军　刘　京　魏　刚　徐　宁

石胜超　张明明　胡灿实　苟　雪　穆　浪　田应洲

熊荣川　沈　拓　程彦林

编　　校

李仕泽　王　斌　粟海军　刘　京　魏　刚

摄　　影

李仕泽　王　斌　刘　京　石胜超　吕植桐　王　丞

穆　浪　田应洲　罗忠浩

序

贵州位于我国西南部，处于中亚热带湿润地区，隆起于四川盆地和广西丘陵之间，东毗湖南、南邻广西、西连云南、北接四川和重庆。境内山峦起伏，河流密布，大娄山和苗岭纵横全省，地形复杂，河网密布。全省气候温和，雨量充沛，冬无严寒，夏无酷暑。优越的自然条件为两栖动物的生存和繁衍提供了良好的环境。

关于贵州两栖动物的记录最早见于明永乐十六年（1418年）的《普安州志》中，仅记录了3种两栖动物；1947年，贵州各地方志也仅记录了5种两栖动物。最早运用现代分类学方法研究贵州两栖动物的是玻珀（C. H. Pope）和博林（A. M. Boring），他们在《中国两栖类调查》中记录了7种在贵州分布的两栖动物。之后，中国科学院成都生物研究所的刘承钊、胡淑琴、赵尔宓、费梁和叶昌媛等在贵州开展了一系列两栖动物调查，将贵州两栖动物记录增至47种。1974—1984年，伍律、董谦、须润华、李德俊和刘积琛等对贵州两栖动物又做了进一步的调查，将贵州两栖动物记录增至62种及亚种。随后，魏刚、徐宁、田应洲、谷晓明、周江等对贵州两栖动物进行了大量调查，陆续发表了一些新种。近年来，随着分子系统学方法被引入分类学，贵州又发表了一系列新种。2013年以来，由李仕泽、王斌、粟海军、刘京和魏刚等组成的两栖动物多样性联合研究团队，对贵州两栖动物资源进行了大量调查，共发现新种15种。这些新种的发现丰富了贵州两栖动物的多样性。截至2023年5月31日，贵州共记录分布两栖动物114种，种类之丰富在全国名列前茅。

该书汇集了编者多年来对贵州两栖动物的实地调查和研究成果，并整合了同行学者调查研究发表的物种信息；详细描述了各物种的鉴别特征、生态资料、地理分布、种群状态等；大部分物种均配有背部、腹部、侧面及生境图片，分类学特征显著的部位还增加了特写图。该书图文并茂，集科学性、知识性和实用性于一体，可为各级主管部门、执法单位的工作人员进行野生动物保护管理和执法检查、培训、识别鉴定和科普宣传工作提供参考，也可作为动物保护者和爱好者识别两栖动物的图鉴及中小学生了解两栖动物的科普读物。

该书的出版，无疑会大力提升贵州省两栖动物多样性与保护的研究水平，对贵州省生态文明建设起到积极的推动作用。

中国科学院成都生物研究所

2023年12月

前言

贵州位于我国西南部，地处北纬24°37′—29°13′、东经103°36′—109°35′，东毗湖南、南邻广西、西连云南、北接四川和重庆，总面积17.62万km^2。贵州地处长江和珠江上游交错地带，是一个海拔梯度大、地理格局复杂和生态环境多样的独特地理单元。贵州地貌属于中国西部高原山地，发育了贵州高原、武陵山脉、大娄山脉、南岭山脉西部、乌蒙山脉等。贵州海拔跨度为148—2900m，境内西北部地势较高，多数地区为海拔 1500—2200m的高原，从西向北、东、南三个方向倾斜，边缘谷地海拔下降至 300—500m。贵州属亚热带季风气候，气候温暖潮湿。境内植被类型分布错综复杂，垂直分布规律明显。贵州独特的喀斯特地形地貌、复杂的地理环境、优越的气候条件、丰富的植被类型，构成该区域多种多样的生境类型，且它们相互隔离，呈陆地“岛屿状”分布。这种环境孕育了丰富的两栖动物。截至2023年5月31日，贵州共记录两栖动物114种，是我国两栖动物资源最为丰富的地区之一。

贵州两栖动物资源丰富，但有关贵州两栖动物的调查研究起步较晚而且极不全面，相关的研究专著匮乏。近年来虽然也出版了《梵净山两栖爬行动物》和《中国茂兰两栖爬行动物》等专著，但涵盖的区域有限。截至目前，唯一一部全面反映贵州两栖动物的专著是1986年出版的《贵州两栖类志》，且这唯一全面的贵州两栖动物专著因出版时间久远，仅记录了贵州两栖动物2目7科20属62种。自1986年来，随着对贵州两栖动物多样性调查研究的不断深入，以及分子生物学、生物化学、声学与数学方法被广泛运用到分类学研究中，在贵州又发现了水城拟小鲵等30多种两栖动物新种；同时还发现了金佛拟小鲵等20多种贵州省新记录种。由此可见，以往的专著资料已不能完全反映贵州两栖动物的真实现状，也无法满足开展两栖动物保护与管理工作所需的各种基础资料。

两栖动物是水陆两栖的变温动物，由于迁徙能力弱，更容易受到气候和环境变化的影响，因而是栖息地减少和生境破坏的重要指示动物。现有研究资料表明，在目前全球气候变暖、江河污染等一系列危机日益加重的状况下，两栖动物面临的危机远大于其他脊椎动物。为此，本联合团队于2019年开始开展《贵州两栖动物图鉴》的编著工作，目的是使贵州两栖动物物种名录能够紧跟时代的发展而得到及时更新，从而促进社会各界对贵州两栖动物的了解和认识，更好地服务于野生动物的保护与管理工作，为贵州生态环境保护发挥应有的作用。

本书主要采用《中国动物志·两栖纲》的分类系统，并参照Frost（2023）的分类系统对贵州两栖动物进行分类，濒危等级划分参考江建平等（2016）对中国两栖动物受威胁状况的评估以及蒋志刚等（2016）编撰的《中国脊椎动物红色名录》。

通过本团队近十年的野外调查，结合文献资料及本团队数据的分析，本书收录了截至2023年5月31日前贵州报道的两栖类动物，系统介绍了它们的分布状况、识别特征、分类地位、种群状况及保护级别等。大部分物种均配有背部、腹部及侧面彩色原图，分类学特征显著的部位增加特写图。本书具科学性、知识性、实用性，既可为各级主管部门、执法单位的工作人员进行野生动物保护管理和执法检查、培训、识别鉴定和科普宣传工作提供参考，又可为我国两栖动物的研究提供重要的基础资料，对有效地保护贵州两栖动物资源及进行深入科学研究具有重要意义。

本图鉴照片除由编者拍摄外，还得到了石胜超、田应洲、王丞、吕植桐、罗忠浩、穆浪等老师提供的帮助，在此表示诚挚的感谢。

本书的编写得到了贵州省林业局、贵州省野生动物和森林植物管理站、六盘水师范学院、贵州省野生动植物保护协会等多家单位的大力支持，在此一并表示衷心的感谢。

由于编者水平有限，错误和疏漏在所难免，恳请专家和读者予以批评指正。

编者

2023年10月31日

目录

总论……1

1 贵州自然概况……1

2 贵州两栖动物多样性……4

3 两栖动物术语及分类描述……10

各论……31

I 有尾目 CAUDATA Duméril, 1806……33

小鲵科 Hynobiidae Cope, 1859 (1856)……34

拟小鲵属 *Pseudohynobius* Fe and Ye, 1983……34

1 贵州拟小鲵 *Pseudohynobius guizhouensis* Li, Tian and Gu, 2010……34

2 金佛拟小鲵 *Pseudohynobius jinfo* Wei, Xiong and Zeng, 2009……36

3 宽阔水拟小鲵 *Pseudohynobius kuankuoshuiensis* Xu and Zeng, 2007……38

4 水城拟小鲵 *Pseudohynobius shuichengensis* Tian, Gu, Sun and Li, 1998……40

隐鳃鲵科 Cryptobranchidae Fitzinger, 1826……42

大鲵属 *Andrias* Tschudi, 1837……42

5 大鲵 *Andrias davidianus* (Blanchard, 1871)……42

蝾螈科 Salamandridae Goldfuss, 1820……44

蝾螈属 *Cynops* Tschudi, 1838……44

6 蓝尾蝾螈 *Cynops cyanurus* Liu, Hu and Yang, 1962……44

肥螈属 *Pachytriton* Boulenger, 1878……46

7 瑶山肥螈 *Pachytriton inexpectatus* Nishikawa, Jiang, Matsui and Mo, 2010……46

疣螈属 *Tylototriton* Anderson, 1871……48

8 贵州疣螈 *Tylototriton kweichowensis* Fang and Chang, 1932……48

9 茂兰疣螈 *Tylototriton maolanensis* Li, Wei, Cheng, Zhang and Wang, 2020……50

10 桐梓疣螈 *Tylototriton tongziensis* Li, Liu, Shi, Wei and Wang, 2022……52

11 文县疣螈 *Tylototriton wenxianensis* Fei, Ye and Yang, 1984 ······ 54

瘰螈属 *Paramesotriton* Chang, 1935 ······ 56

12 尾斑瘰螈 *Paramesotriton caudopunctatus* Liu and Hu, 1973 ······ 56

13 龙里瘰螈 *Paramesotriton longliensis* Li, Tian, Gu and Xiong, 2008 ······ 58

14 茂兰瘰螈 *Paramesotriton maolanensis* Gu, Chen, Tian, Li and Ran, 2012 ······ 62

15 武陵瘰螈 *Paramesotriton wulingensis* Wang, Tian and Gu, 2013 ······ 64

16 织金瘰螈 *Paramesotriton zhijinensis* Li, Tian and Gu, 2008 ······ 66

II 无尾目 ANURA Fischer von waldheim, 1813 ······ 69

铃蟾科 Bombinatoridae Gray, 1825 ······ 70

铃蟾属 *Bombina* Oken, 1816 ······ 70

17 大蹼铃蟾 *Bombina maxima* Boulenger, 1905 ······ 70

角蟾科 Megophryidae Bonaparte, 1850 ······ 72

拟髭蟾属 *Leptobrachium* Tschudi, 1838 ······ 72

18 峨眉髭蟾 *Leptobrachium boringii* Liu, 1945 ······ 72

19 雷山髭蟾 *Leptobrachium leishanensis* Liu and Hu, 1973 ······ 74

掌突蟾属 *Leptobrachella* Smith, 1925 ······ 76

20 岜沙掌突蟾 *Leptobrachella bashaensis* Lyu, Dai, Wei, He, Yuan, Shi, Zhou, Ran, Kuang, Guo, Wei and Yuan, 2020 ······ 76

21 毕节掌突蟾 *Leptobrachella bijie* Wang, Li, Li, Chen and Wang, 2019 ······ 78

22 赤水掌突蟾 *Leptobrachella chishuiensis* Li, Liu, Wei and Wang, 2020 ······ 80

23 侗掌突蟾 *Leptobrachella dong* Liu, Shi, Li, Zhang, Xiang, Wei and Wang, 2023 ··· 82

24 水城掌突蟾 *Leptobrachella dorsospina* Wang, Lyu, Qi and Wang, 2020 ······ 84

25 金沙掌突蟾 *Leptobrachella jinshaensis* Cheng, Shi, Li, Liu, Li and Wang, 2021 ··· 86

26 紫腹掌突蟾 *Leptobrachella purpuraventra* Wang, Li, Li, Chen and Wang, 2019 ··· 88

27 绥阳掌突蟾 *Leptobrachella suiyangensis* Luo, Xiao, Gao and Zhou, 2020 ······ 90

28 腹斑掌突蟾 *Leptobrachella ventripunctata* (Fei, Ye and Li, 1990) ······ 92

29 武陵掌突蟾 *Leptobrachella wulingensis* Qian, Xia, Cao, Xiao and Yang, 2020 ······ 94

短腿蟾属 *Brachytarsophrys* Tian and Hu, 1983 ······ 96

30 川南短腿蟾 *Brachytarsophrys chuannanensis* (Fei, Ye and Huang, 2001) ······ 96

31 珀普短腿蟾 *Brachytarsophrys popei* Zhao, Yang, Chen, Chen and Wang, 2014 ······ 98

32 平顶短腿蟾 *Brachytarsophrys platyparietus* Rao and Yang, 1997 ······ 100

33 黔南短腿蟾 *Brachytarsophrys qiannanensis* Li, Liu, Yang, Wei and Su, 2022 ······ 102

布角蟾属 *Boulenophrys* Fei, Ye and Jiang, 2016 ······ 104

34 安龙角蟾 *Boulenophrys anlongensis* Li, Lu, Liu and Wang, 2020 ······ 104

35 赤水角蟾 *Boulenophrys chishuiensis* Xu, Li, Liu, Wei and Wang, 2020 ············ 106
36 从江角蟾 *Boulenophrys congjiangensis* Luo, Wang, Wang, Lu, Wang, Deng and Zhou, 2021 ············ 108
37 梵净山角蟾 *Boulenophrys fanjingmontis* (Zhang, Liang, Ran and Shen, 2012) ··· 110
38 雷山角蟾 *Boulenophrys leishanensis* Li, Xu, Liu, Jiang, Wei and Wang, 2018 ···· 112
39 荔波角蟾 *Boulenophrys liboensis* Zhang, Li, Xiao, Li, Pan, Wang, Zhang and Zhou, 2017 ············ 114
40 江氏角蟾 *Boulenophrys jiangi* Liu, Li, Wei, Xu, Cheng, Wang and Wu, 2020 ···· 116
41 峨眉角蟾 *Boulenophrys omeimontis* Liu, 1950 ············ 118
42 黔北角蟾 *Boulenophrys qianbeiensis* Su, Shi, Wu, Li, Yao, Wang and Li, 2020 ··· 120
43 棘指角蟾 *Boulenophrys spinata* Liu and Hu, 1973 ············ 122
44 水城角蟾 *Boulenophrys shuichengensis* Tian and Sun, 1995 ············ 124
异角蟾属 *Xenophrys* Günther, 1864 ············ 126
45 茅索角蟾 *Xenophrys maosonensis* Bourret, 1937 ············ 126
齿蟾属 *Oreolalax* Myers and Leviton, 1962 ············ 128
46 利川齿蟾 *Oreolalax lichuanensis* Hu and Fei, 1979 ············ 128
47 红点齿蟾 *Oreolalax rhodostigmatus* Hu and Fei, 1979 ············ 130
蟾蜍科 Bufonidae Gray, 1825 ············ 132
头棱蟾属 *Duttaphrynus* Frost, Grant, Faivovich, et al., 2006 ············ 132
48 黑眶蟾蜍 *Duttaphrynus melanostictus* Schneider, 1799 ············ 132
蟾蜍属 *Bufo* Garsault, 1764 ············ 134
49 中华蟾蜍 *Bufo gargarizans* Cantor, 1842 ············ 134
50 华西蟾蜍 *Bufo andrewsi* Schmidt, 1925 ············ 136
雨蛙科 Hylidae Rafinesque, 1815 ············ 138
雨蛙属 *Hyla* Laurenti, 1768 ············ 138
51 华西雨蛙 *Hyla annectan* Jerdon, 1870 ············ 138
52 无斑雨蛙 *Hyla immaculata* Boettger, 1888 ············ 140
53 三港雨蛙 *Hyla sanchiangensis* Pope, 1929 ············ 142
蛙科 Ranidae Batsch, 1796 ············ 144
蛙属 *Rana* Linnaeus, 1758 ············ 144
54 昭觉林蛙 *Rana chaochiaoensis* Liu, 1946 ············ 144
55 大别山林蛙 *Rana dabieshanensis* Wang, Qian, Zhang, Guo, Pan, Wu, Wang and Zhang, 2017 ············ 146
56 寒露林蛙 *Rana hanluica* Shen, Jiang and Yang, 2007 ············ 148

57 峨眉林蛙 *Rana omeimontis* Ye and Fei, 1993 …… 150
58 镇海林蛙 *Rana zhenhaiensis* Ye, Fei and Matsui, 1995 …… 152
59 徂徕林蛙 *Rana culaiensis* Li, Lu and Li, 2008 …… 154
60 威宁蛙 *Rana weiningensis* Liu, Hu and Yang, 1962 …… 156
侧褶蛙属 *Pelophylax* Fitzinger, 1843 …… 158
61 黑斑侧褶蛙 *Pelophylax nigromaculatus* Hallowell, 1860 …… 158
水蛙属 *Hylarana* Tschudi, 1838 …… 160
62 沼水蛙 *Hylarana guentheri* Boulenger, 1882 …… 160
63 阔褶水蛙 *Hylarana latouchii* Boulenger, 1899 …… 162
64 台北纤蛙 *Hylarana taipehensis* Van Denburgh, 1909 …… 164
琴蛙属 *Nidirana* Dubois, 1992 …… 166
65 仙琴蛙 *Nidirana daunchina* Chang, 1933 …… 166
66 雷山琴蛙 *Nidirana leishanensis* Li, Wei, Xu, Cui, Fei, Jiang, Liu and Wang, 2019 …… 168
67 滇蛙 *Nidirana pleuraden* Boulenger, 1904 …… 170
68 叶氏琴蛙 *Nidirana yeae* Wei, Li, Liu, Cheng, Xu and Wang, 2020 …… 172
臭蛙属 *Odorrana* Fei, Ye and Huang, 1990 …… 174
69 云南臭蛙 *Odorrana yunnanensis* Anderson, 1879 …… 174
70 安龙臭蛙 *Odorrana anlungensis* Liu and Hu, 1973 …… 176
71 无指盘臭蛙 *Odorrana grahami* Boulenger, 1917 …… 178
72 大绿臭蛙 *Odorrana graminea* Boulenger, 1899 …… 180
73 合江臭蛙 *Odorrana hejiangensis* Deng and Yu, 1992 …… 182
74 黄岗臭蛙 *Odorrana huanggangensis* Chen, Zhou and Zheng, 2010 …… 184
75 筠连臭蛙 *Odorrana junlianensis* Huang, Fei and Ye, 2001 …… 186
76 贵州臭蛙 *Odorrana kweichowensis* Li, Xu, Lv, Jiang, Wei and Wang, 2018 …… 188
77 荔波臭蛙 *Odorrana liboensis* Luo, Wang, Xiao, Wang and Zhou, 2021 …… 190
78 龙胜臭蛙 *Odorrana lungshengensis* Liu and Hu, 1962 …… 192
79 绿臭蛙 *Odorrana margaretae* Liu, 1950 …… 194
80 花臭蛙 *Odorrana schmackeri* Boettger, 1892 …… 196
81 竹叶蛙 *Odorrana versabilis* Liu and Hu, 1962 …… 198
82 务川臭蛙 *Odorrana wuchuanensis* Xu, 1983 …… 200
83 宜章臭蛙 *Odorrana yizhangensis* Fei, Ye and Jiang, 2007 …… 202
84 宜昌臭蛙 *Odorrana ichangensis* Chen, 2020 …… 204

湍蛙属 *Amolops* Cope, 1865 …… 206

85 钊琴湍蛙 *Amolops chaochin* Jiang, Ren, Lyu and Li, 2021 …… 206

86 崇安湍蛙 *Amolops chunganensis* Pope, 1929 …… 208

87 水城湍蛙 *Amolops shuichengicus* Lyu and Wang, 2019 …… 210

88 中华湍蛙 *Amolops sinensis* Lyu, Wang and Wang, 2019 …… 212

叉舌蛙科 Dicroglossidae Anderson, 1871 …… 214

陆蛙属 *Fejervarya* Bolkay, 1915 …… 214

89 川村陆蛙 *Fejervarya kawamurai* Djong, Matsui, Kuramoto, Nishioka and Sumida, 2011 …… 214

90 泽陆蛙 *Fejervarya multistriata* Hallowell, 1860 …… 216

虎纹蛙属 *Hoplobatrachus* Peters, 1863 …… 218

91 虎纹蛙 *Hoplobatrachus chinensis* Osbeck, 1765 …… 218

倭蛙属 *Nanorana* Günther, 1896 …… 220

92 双团棘胸蛙 *Nanorana phrynoides* Boulenger, 1917 …… 220

棘胸蛙属 *Quasipaa* Dubois, 1992 …… 222

93 棘腹蛙 *Quasipaa boulengeri* Günther, 1889 …… 222

94 合江棘蛙 *Quasipaa robertingeri* Wu and Zhao, 1995 …… 224

95 棘侧蛙 *Quasipaa shini* Ahl, 1930 …… 226

96 棘胸蛙 *Quasipaa spinosa* David, 1875 …… 228

树蛙科 Rhacophoridae Hoffman, 1932 (1858) …… 230

原指树蛙属 *Kurixalus* Ye, Fei and Dubois, 1999 …… 230

97 锯腿原指树蛙 *Kurixalus odontotarsus* Ye and Fei, 1993 …… 230

98 饶氏原指树蛙 *Kurixalus raoi* Zeng, Wang, Yu and Du, 2021 …… 232

泛树蛙属 *Polypedates* Tschudi, 1838 …… 234

99 布氏泛树蛙 *Polypedates braueri* Vogt, 1911 …… 234

100 凹顶泛树蛙 *Polypedates impresus* Yang, 2008 …… 236

101 斑腿泛树蛙 *Polypedates megacephalus* Hallowell, 1861 …… 238

102 无声囊泛树蛙 *Polypedates mutus* Smith, 1940 …… 240

张树蛙属 *Zhangixalus* Li, Jiang, Ren and Jiang, 2019 …… 242

103 经甫树蛙 *Zhangixalus chenfui* Liu, 1945 …… 242

104 大树蛙 *Zhangixalus dennysi* Blanford, 1881 …… 244

105 白线树蛙 *Zhangixalus leucofasciatus* Liu and Hu, 1962 …… 246

106 黑点树蛙 *Zhangixalus nigropunctatus* Liu, Hu and Yang, 1962 …… 248

107　峨眉树蛙 *Zhangixalus omeimontis* Stejneger, 1924 ······ 250
姬蛙科 Microhylidae Günther, 1858 (1843) ······ 252
小狭口蛙属 *Glyphoglossus* Günther, 1869 ······ 252
108　云南小狭口蛙 *Glyphoglossus yunnanensis* Boulenger, 1919 ······ 252
狭口蛙属 *Kaloula* Gray, 1831 ······ 254
109　多疣狭口蛙 *Kaloula verrucosa* Boulenger, 1904 ······ 254
姬蛙属 *Microhyla* Tschudi, 1838 ······ 256
110　粗皮姬蛙 *Microhyla butleri* Boulenger, 1900 ······ 256
111　梵净山姬蛙 *Microhyla fanjingshanensis* Li, Zhang, Xu, Lv and Jiang, 2019 ······ 258
112　饰纹姬蛙 *Microhyla fissipes* Boulenger, 1884 ······ 260
113　小弧斑姬蛙 *Microhyla heymonsi* Vogt, 1911 ······ 262
114　花姬蛙 *Microhyla pulchra* Hallowell, 1860 ······ 264

参考文献 ······ 266
中文名索引 ······ 271
学名索引 ······ 273

总论

1 贵州自然概况

1.1 地理位置和区划

贵州省位于中国西南部，东连湖南、西接云南、南邻广西、北接四川和重庆，地理位置介于北纬24°37'—29°13'、东经103°36'—109°35'，是我国唯一没有平原支撑的省份（粟海军和张明明，2015）。全省东西长约595km，南北宽约509km，总面积为17.61×10^4km^2，下辖贵阳市、遵义市、毕节市、安顺市、六盘水市、铜仁市、黔西南布依族苗族自治州、黔东南苗族侗族自治州、黔南布依族苗族自治州9个地级行政区和88个县级行政区，其中，包括3个自治州和11个自治县。

1.2 地貌概况

贵州地处我国第二阶梯，位于云贵高原的东部，属于四川盆地和广西丘陵之间的亚热带喀斯特高原山区（张继等，2019）。贵州境内地势西高东低，自中部向北、东、南三面倾斜，平均海拔为1000—1200m。全省地貌主要以山地和丘陵为主，是我国喀斯特地貌发育最为典型的省份之一，全省喀斯特面积10.91×10^4km^2，占全省面积的61.9%（张殿发等，2002）。贵州境内山脉众多，主要包括东西向贯穿贵州北部的大娄山脉、东北部鄂湘蜿蜒入黔的武陵山脉、西部南北横跨的乌蒙山脉和中部东西绵延的苗岭山脉。全省最高海拔2900.6m，最低海拔147.8m。

1.3 气候特征

贵州气候温暖湿润、降水充沛、雨热同季、四季分明，是典型的亚热带湿润季风气候。在省内由于地形地势的特殊性，使得省内气候呈现出一定的东西差异，主要表现为东部地区全年湿润，西部地区干湿分明（容丽和杨龙，2004）。贵州气温变化小，冬暖夏凉，气候宜人，年均温在14—17℃；年均日照时间1200—1600h，年均日照率25%—35%，年均太阳总辐射量3349—3767MJ/m^2（王孜昌和王宏艳，2002）；年均降水量800—1600mm，日均降水强度4.6—7.9mm，全年降水时间170—200d，年均湿度79.1%，受东、西部不同大气环流和地形的影响，全省气候稳定性较差，降水分布呈现出自东到西、由南到北递减的趋势，具有“一山分四季，十里不同天”的多样性特征（朱孟等，2020）。

1.4 水文特征

贵州省内水资源丰富，处在长江和珠江两大水系上游的交错地带，是两江上游地区的重要生态屏障，以苗岭山脉为分水岭。贵州省分为长江和珠江两大流域，贵州北部属于长江流域，面积为$11.57 \times 10^4 km^2$，占全省面积的65.7%；南部属于珠江流域，面积为$6.04 \times 10^4 km^2$，占全省面积的34.3%。其中，长江流域涉及牛栏江、横江水系、赤水河、綦江水系、沅江水系和乌江水系；珠江流域涉及南盘江水系、北盘江水系、红水河水系和柳江水系。全省流域面积在$50km^2$以上的河流总长33829km，河网平均密度$0.19km/km^2$，年均水资源量$1062 \times 10^8 m^3$，呈现出河流尺度小、河网密度大、水资源丰富的山区性特点（罗志远等，2017）。

1.5 动植物资源概况

贵州植被类型分布错综复杂，垂直分布规律明显。贵州独特的自然地理区位、复杂的地形地貌、优越的气候条件、丰富的植被类型造就了喀斯特区域多种多样的生境类型，孕育了丰富的生物多样性。

贵州省地貌类型复杂，植被具有明显的区域分异性，境内有南亚热带性质的常绿阔叶林和中亚热带性质的常绿阔叶林，其中，中亚热带常绿阔叶林还呈现出自西部半湿润常绿林向东部湿淮性常绿林过渡的趋势（黄威廉和屠玉麟，1983）。多样、独特的植被分布和典型的地带性喀斯特森林生态系统为贵州省众多的野生动植物提供了优越的生存条件。贵州分布有黔金丝猴、黑叶猴、林麝、黑颈鹤、白颈长尾雉、中国大鲵、雷山髭蟾、梵净山冷杉、银杉和珙桐等多种珍稀濒危动植物。

2 贵州两栖动物多样性

2.1 物种组成丰富

2.1.1 物种多样性

贵州独特的喀斯特地形地貌、复杂的地理环境、优越的气候条件、丰富的植被类型，构成该区域多种多样的生境类型，且相互隔离，呈陆地“岛屿状”分布（刘承钊，1962；张荣祖，2011），这种环境特质孕育了丰富的两栖动物多样性。贵州土地面积仅占我国陆地国土面积的1.8%，但截至2023年10月31日，贵州省共记录两栖动物2目9科30属114种，占全国两栖动物物种总数（656种，中国两栖类，2023）的17.4%，其中，有尾目3科6属16种（占贵州省两栖动物物种总数的14.0%），无尾目8科26属98种（86.0%）。

2.1.2 保护和受胁物种状况

贵州无国家一级保护的两栖动物；国家二级保护的两栖动物有16 种，即贵州拟小鲵、金佛拟小鲵、宽阔水拟小鲵、水城拟小鲵、大鲵、贵州疣螈、尾斑瘰螈、龙里瘰螈、茂兰瘰螈、武陵瘰螈、织金瘰螈、峨眉髭蟾、雷山髭蟾、水城角蟾、虎纹蛙和务川臭蛙。列入《中国生物多样性红色名录：脊椎动物卷2020》（生态环境部，2020）的贵州两栖动物有88种，因新种或新记录种等原因未被列入的有26种。根据《中国生物多样性红色名录：脊椎动物卷2020》的评估标准，本书对未列入该名录或数据缺失的贵州两栖动物也进行了受胁等级的建议。在贵州两栖动物中，受胁等级为极危（Critically Endangered，CR）的有2种，即中国大鲵和金佛拟小鲵；本书建议列为受胁等级为极危的有1种，即茂兰瘰螈；濒危（Endangered，EN）的有8种，即宽阔水拟小鲵、水城拟小鲵、龙里瘰螈、织金瘰螈、峨眉髭蟾、水城角蟾、安龙臭蛙和虎纹蛙；本书建议列为濒危等级的有3种，即贵州拟小鲵、桐梓疣螈和茂兰疣螈；易危（Vulnerable，VU）的有15种，即瑶山肥螈、贵州疣螈、文县疣螈、尾斑瘰螈、雷山髭蟾、峨眉角蟾、红点齿蟾、云南臭蛙、筠连臭蛙、务川臭蛙、棘腹蛙、合江棘蛙、棘侧蛙、棘胸蛙和白线树蛙；本书建议列为易危等级的有9种，即水城掌突蟾、黔南短腿蟾、安龙角蟾、赤水角蟾、从江角蟾、梵净山角蟾、荔波角蟾、荔波臭蛙和双团棘胸蛙；近危（Near Threatened，NT）的有16种，即蓝尾蝾螈、武陵瘰螈、川南短腿蟾、珀普短腿蟾、利川齿蟾、寒露林蛙、威宁蛙、黑斑侧褶蛙、沼水蛙、无指盘臭蛙、合江臭蛙、贵州臭蛙、龙胜臭蛙、竹叶蛙、宜章臭蛙和黑点树蛙；本书建议列为近危的有8种，即岜沙掌突蟾、赤水掌突蟾、侗掌突蟾、金沙掌突蟾、紫腹掌突蟾、茅索角蟾、钊琴湍蛙和饶氏原指树蛙；无危（Least Concern，LC）的有44种，即大蹼铃蟾、毕节掌突蟾、平顶短腿蟾、雷山角蟾、棘指角蟾、黑眶蟾蜍、中华蟾蜍、华西雨蛙、无斑雨蛙、三港雨蛙、昭觉林蛙、大别山林蛙、峨眉林蛙、镇海林蛙、徂徕林蛙、阔褶水蛙、仙琴蛙、雷山琴蛙、滇蛙、叶氏琴蛙、大绿臭蛙、黄岗臭蛙、绿臭蛙、花臭蛙、崇安湍蛙、水城湍蛙、中华湍蛙、川村陆蛙、泽陆蛙、锯腿原指树蛙、布氏泛树蛙、凹顶泛树蛙、斑腿泛树蛙、无声囊泛树蛙、经甫树蛙、大树蛙、峨眉树蛙、云南小狭口蛙、多疣狭口蛙、粗皮姬蛙、梵净山姬蛙、饰纹姬蛙、小弧斑姬蛙和花姬蛙；本书建议列为无危的有8种，即绥阳掌突蟾、腹斑掌突蟾、武陵掌突蟾、江氏角蟾、黔北角蟾、华西蟾蜍、台北纤蛙和宜昌臭蛙。

2.1.3 特有种

贵州114种两栖动物中有中国特有种87种，占比高达76.3%。其中，贵州特有种28种，即宽阔水拟小鲵、水城拟小鲵、贵州拟小鲵、织金瘰螈、茂兰瘰螈、桐梓疣螈、茂兰疣螈、紫腹掌突蟾、绥阳掌突蟾、金沙掌突蟾、水城掌突蟾、赤水掌突蟾、岜沙掌突蟾、安龙角蟾、赤水角蟾、从江角蟾、梵净山角蟾、雷山角蟾、江氏角蟾、黔北角蟾、水城角蟾、荔波角蟾、黔南短腿蟾、水城湍蛙、叶氏琴蛙、荔波臭蛙、饶氏原指树蛙和梵净山姬蛙，占比达24.6%。

贵州省两栖动物特有性较强的原因很可能是贵州独特的自然环境，是中国生物多样性最为丰富的四个地区之一。第四纪以来，我国西南地区由于受冰川期作用影响较小，保留了许多北半球其他地区早已灭绝的古老孑遗和残遗的种类，具有物种高度丰富、特有种较多、区系起源古老等物种多样性的特点。贵州喀斯特地貌上具较多的峡谷和复杂的垂直自然分带，形成了许多有利于运动能力弱的两栖动物物种分化的环境，适宜的水热条件为生活在不同生境的两栖动物的分化提供了适宜的条件。各种进化驱动因子（如地质的、生态的、遗传的因子等）的共同作用可能是贵州高原地区特有种较多的原因。

2.2 贵州两栖动物名录修订

随着分子生物学、生物化学、声学与数学等各领域的技术被广泛运用到分类学研究中，使得两栖动物分类系统在不断地调整和更新，相应地，一些物种的种属关系和名称就发生了改变。2020年，作者团队曾对贵州分布的两栖动物名录进行了初步的修订，更正了分布于贵州的38种两栖动物的名称（李仕泽等，2020）。随着调查研究的深入，在贵州又陆续发现了一些新种和新记录，同时，部分物种的属名和分布记录也发生了变动。因此，作者团队在前期修订的基础上，结合最新研究成果，对贵州两栖动物进行了进一步修订，修订物种及理由如下。

大娄山疣螈*Tylototriton daloushanensis* Zhou, Xiao and Luo, 2022 是Luo等（2022）根据绥阳火秋坝自然保护区和宽阔水自然保护区采集到的标本发表的新种。谷晓明等（2012）对贵州分布的疣螈属物种进行了系统发育研究，认为宽阔水分布的疣螈为文县疣螈。Wang等（2018）基于线粒体和核基因序列对宽阔水分布的疣螈进行物种界定，认为分布于宽阔水的疣螈应为文县疣螈。Li等

（2020）通过线粒体数据构建了疣螈属系统发育树，得到了与谷晓明等（2012）和Wang等相似的结果，即分布于宽阔水的疣螈种群与文县疣螈模式产地种群互为姐妹群关系，这与Luo等（2022）得到的宽阔水疣螈种群为一独立支系的结果不一致。因此，认为大娄山疣螈的有效性还需进一步论证。故本书仍将大娄山疣螈认定为文县疣螈，大娄山疣螈在本书中不列入。

短腿蟾属*Brachytarsophrys* Tian and Hu, 1983物种在贵州的分布：贵州记录的川南短腿蟾*Brachytarsophrys chuannanensis* Fei, Ye and Huang, 2001是吕敬才等（2014）在梵净山发现的贵州省两栖动物新记录，该研究仅采集了一号标本，通过形态特征鉴定为川南短腿蟾。Li等（2020）收集了一号梵净山短腿蟾样品，认为分布于梵净山的短腿蟾应为平顶短腿蟾。然而，作者团队通过核查吕敬才等采集的标本，并对该标本的组织样进行DNA测序，发现分布于梵净山的短腿蟾应为珀普短腿蟾。本团队在赤水调查期间，采集到短腿蟾标本三号，经分子和形态比较，确定为川南短腿蟾，因此川南短腿蟾分布应该在贵州西北部。贵州较早时期还记录分布有宽头短腿蟾（伍律等，1986），但根据Li等（2020）的研究表明，宽头短腿蟾在国内无分布，国内相关种群被鉴定为平顶短腿蟾、珀普短腿蟾和东方短腿蟾。结合作者团队前期的调查和研究，分布于雷公山的短腿蟾应为珀普短腿蟾，而分布于安龙的短腿蟾应为平顶短腿蟾。故宽头短腿蟾在本书中不再列入。

小角蟾*Boulenophrys minor* (Stejneger, 1926)曾记录广泛分布于贵州雷山、江口、印江及绥阳等地（伍律等，1986）。牛克锋和杨业勤（2012）在梵净山根据形态特征报道了短肢角蟾的分布。而经作者团队前期大量调查并结合文献资料发现，分布于雷山地区的小角蟾应为雷山角蟾（Li et al., 2018），分布于江口、印江和绥阳的小角蟾和短肢角蟾应为江氏角蟾（Liu et al., 2020）。结合Chen等（2017）和Liu等（2018）的研究结果，本书不再列入小角蟾和短肢角蟾。

蟼掌突蟾*Leptolalax pelodytoides* (Boulenger, 1893)是Boulenger依据缅甸的标本命名的。随后，福建、浙江、广西、湖南、贵州和云南等地陆续被报道有蟼掌突蟾的分布。费梁等（1990；2009a）通过比较模式产地标本与中国各地理居群标本的形态特征，认为云南景东、云南勐腊和福建武夷山的“蟼掌突蟾”种群与蟼掌突蟾原始描述有区别，分别命名新种：高山掌突蟾*Leptolalax alpinus* Fei, Ye and Li, 1990和腹斑掌突蟾和福建掌突蟾*Leptolalax liui* Fei and Ye, 1990。核型研究也表明上述3种中国境内的掌突蟾属物种相互间存在差异，支持它们是有效的物种（李树深等，1991；1994）。通过作者团队的大量调查发现在贵州西南部调查到的掌突蟾种群均为腹斑掌突蟾。因此，蟼掌突蟾在本书中不列入。

峨山掌突蟾*Leptobrachella oshanensis* Liu, 1950广泛分布于我国甘肃、四川、重庆、湖北等地（费梁等，2012），在贵州记录于江口、雷山和罗甸（伍律等，1986）。近年来，通过作者团队大量的调查结合相关的文献报道，发现分布于江口和雷山的峨山掌突蟾应为武陵掌突蟾，分布于罗甸的应为腹斑掌突蟾。因此，对于峨山掌突蟾在贵州是否有分布，还需进一步扩大调查，故峨山掌突蟾在本书中不列入。

福建掌突蟾*Leptobrachella liui* Fei and Ye, 1990记录分布于雷公山（陈继军等，2007），但由于未留有标本及照片，且无形态描述，结合福建掌突蟾分布情况及作者团队长期调查结果，认为福建掌突蟾在贵州无分布。故福建掌突蟾在本书中不列入。

华西蟾蜍*Bufo andrewsi* Schmidt, 1925是Schmidt于1925年根据在云南采集的标本发表的新种，此后，对于该种的有效性一直存在争议。Fu等（2005）基于线粒体ND1、ND2以及二者之间的三个tRNA构建的中华蟾蜍复合体系统发育树认为，中华蟾蜍复合体是单一的物种即中华蟾蜍。费梁等（2009a）综合前人的研究将中华蟾蜍分为中华蟾蜍指名亚种、中华蟾蜍华西亚种和中华蟾蜍岷山亚种。随后Wen等（2015）运用微卫星数据对中国西部分布的蟾蜍进行了分析，支持Fu等（2005）的观点；而Dufresnes和Litvinchuk（2022）和Othman等（2022）基于更广范围的采样，支持华西蟾蜍为独立物种。本研究通过分子及形态数据支持Dufresnes和Litvinchuk（2022）和Othman等（2022）的观点，故将华西蟾蜍列入本书。

双团棘胸蛙*Nanorana phrynoides* Boulenger, 1917记录分布于贵州威宁、松桃、望谟、兴义、绥阳等地（伍律等，1986），随着该属的变动，该物种曾被记录为云南棘蛙（费梁等，2012）；Huang等（2016）通过分子数据及形态数据，认为分布于贵州的应为双团棘胸蛙。因此，本书继续沿用伍律等（1986）的记录。

织金林蛙*Rana zhijingensis* Luo Xiao and Zhou, 2022是Yan等（2022）年依据织金采集的林蛙所描述的新种，考虑该文章仅用了一号昭觉林蛙模式产地的序列进行比较昭觉林蛙分布广泛，缺少多个种群的比较。因此，织金林蛙的有效性还需进一步论证，因此，本图鉴未将织金林蛙列入。

2.3 区系分布特征

根据贵州自然地理概况，参考《中国动物地理》（张荣祖，2011）、《贵州两栖类》（伍律等，1986）、《贵州两栖动物区系及地理区划初步研究》（魏刚和徐宁，1989），结合两栖动物的区系特点和区系成分差异，将贵州划分为黔西高原中山区、黔北中山峡谷区、黔中山原丘陵区、黔东南低山丘陵盆地区和黔南低山河谷区5个动物地理区。其中，黔西高原中山区属西南区西南山地亚区，其余四区均属华中区西部山地高原亚区。

贵州省各动物地理分区中，黔东南低山丘陵盆地区两栖动物物种数最多（59种），黔北中山峡谷区次之（44种），黔南低山河谷区最少（仅24种）。不同动物地理区之间物种多样性的差异主要与地形地貌、生境类型多样性以及水热条件相关。黔东南低山丘陵盆地区两栖动物物种数最多的原因可能是该区纬度、海拔跨度大、水热条件良好、自然保护区数量较多，有梵净山、雷公山、茂兰、佛顶山4个自然环境保护得很好的国家级自然保护区，生境多样，适宜两栖动物生存，因此该区两栖动物物种数最多。黔北中山峡谷区较黔东南低山丘陵盆地区纬度跨度较小、海拔较高、年均气温和年均降水量较低，但黔北中山峡谷区有习水、赤水、麻阳河、大沙河、宽阔水5个国家级自然保护区，生境较好，因此两栖动物物种数次之。黔西高原中山区较黔北中山峡谷区海拔更高，年均气温和年均降水量更低，自然保护区数量更少，仅有草海1个国家级自然保护区，生境单调，因此黔西高原中山区较黔北中山峡谷区两栖动物物种数更少。黔中山原丘陵区较黔西高原中山区虽然海拔较低，年均气温和年均降水量较高，但人口密集，农业发展历史久远，人为活动较多，无国家级自然保护区，自然植被破坏较多，因此，黔中山原丘陵区较黔西高原中山区两栖动物物种数较少。黔南低山河谷区虽然水热条件较好，但纬度、海拔跨度最小，人类活动较多，也无国家级自然保护区，自然植被破坏也多，因此两栖动物物种数最少。

2.3.1 黔西高原中山区

该区位于贵州西部，地势北高南低，北部威宁一带海拔2000m以上，南部兴义一带为1300m左右，乌蒙山纵贯本区。河流切割明显，地势起伏较大。年均气温10.5—16.1℃，1月均温1.9—7.1℃，7月均温17.7—22.3℃，年降水量854.1—1520.9mm。土壤主要为黄棕壤和黄壤。植被主要为半湿润及湿润性常绿阔叶林。分布于此区的两栖动物有35种，其中，包括贵州特有种7种，即水城拟小鲵、毕节掌突蟾、紫腹掌突蟾、水城角蟾、水城湍蛙、威宁蛙和黑点树蛙；常见种类有滇蛙、无指盘臭蛙、华西雨蛙、棘腹蛙及云南小狭口蛙；仅分布于此区的有9种，即水城拟小鲵、蓝尾蝾螈、毕节掌突蟾、紫腹掌突蟾、利川齿蟾、水城湍蛙、昭觉林蛙、威宁蛙和黑点树蛙。

2.3.2 黔北中山峡谷区

该区位于贵州北部，大娄山斜贯西北部，地势南高北低，海拔为800—1200m。年均气温13.5—18.1℃，1月均温2.4—7.9℃，7月均温23.1—28.0℃。年降水量1054.7—1300mm。土壤主要为黄壤、石灰土和紫色土。植被主要为常绿阔叶林、针叶林、针阔混交林、石灰岩灌丛和草坡。分布于此区的两栖动物有44种，其中，包括贵州特有种5种，即宽阔水拟小鲵、桐梓疣螈、水城角蟾、绥阳掌突蟾和叶氏琴蛙；常见种类有大鲵、川村陆蛙、黑斑侧褶蛙、沼水蛙、布氏泛树蛙、饰纹姬蛙及小弧斑姬蛙；仅分布于此区的有宽阔水拟小鲵、叶氏琴蛙和桐梓疣螈。

2.3.3 黔中山原丘陵区

该区位于贵州中部，苗岭山脉蜿蜒于本地理区中部，地势起伏不大，为山原丘陵盆地貌，海拔1000—1200m。年均气温12.8—17.2℃，1月均温2—6.8℃，7月均温21.9—27.9℃。年降水量为1149—1445mm。土壤主要为黄壤、黑色及棕色石灰土。植被主要为石灰岩常绿栎林、常绿落叶混交林、马尾松林、灌丛。分布于此区的两栖动物有34种，其中，包括贵州特有种3种，即贵州拟小鲵、茂兰疣螈和织金瘰螈；常见种类有中华蟾蜍、华西雨蛙、沼水蛙、贵州臭蛙、布氏泛树蛙、饰纹姬蛙和小弧斑姬蛙。

2.3.4 黔东南低山丘陵盆地区

该区位于贵州东南部，系贵川高原向湘桂丘陵盆地的过渡地带，西部地势高（海拔800—1000m），东部和东南部地势渐低（海拔400—600m）。年均气温14.9—18.4℃，1月均温3.5—8.4℃，7月均温23.4—27.9℃。年降水量1132.6—1378.3mm，水热条件良好。土壤主要为黄壤、红壤和石灰土。植被为具有南亚热带成分的常绿阔叶林、次生暖性针叶林。在梵净山、雷公山及月亮山还保留有较完整的原生植被。由于本区气候温暖湿润，植被破坏较少，适于两栖类生存，因而种类较多，达59种。其中，包括贵州特有种有9种，即茂兰瘰螈、雷山髭蟾、雷山角蟾、荔波角蟾、从江角蟾、梵净山角蟾、雷山琴蛙、黔南短腿蟾和梵净山姬蛙；常见种类有中华蟾蜍、黑眶蟾蜍、沼水蛙、棘腹蛙、棘胸蛙、黑斑侧褶蛙、花臭蛙、黄岗臭蛙、贵州臭蛙、饰纹姬蛙及小弧斑姬蛙；仅分布于此区的有尾斑瘰螈、茂兰瘰螈、武陵瘰螈、雷山髭蟾、黔南短腿蟾、从江角蟾、雷山角蟾、荔波角蟾、雷山琴蛙和梵净山姬蛙。

2.3.5 黔南低山河谷区

该区位于贵州西南部，地处贵州高原向广西丘陵盆地过渡的斜坡地带。海拔600—800m，红水河谷海拔则低到200多米。年均气温15.1—19.6℃，1月均温6.0—10.1℃，7月均温21.3—27℃。年降水量1176.8 —1376.9mm。土壤主要为红壤、黄壤和石灰土。植被主要为具有南亚热带成分的常绿阔叶林，局部有季雨林及稀疏灌丛草地。分布于此区的两栖动物有24种，其中，包括贵州特有种3种，即桐梓疣螈、安龙角蟾和饶氏原指树蛙；常见种类有黑眶蟾蜍、华西雨蛙、绿臭蛙、泽陆蛙、棘腹蛙、布氏泛树蛙、无声囊泛树蛙、饰纹姬蛙及小弧斑姬蛙。

3 两栖动物术语及分类描述

两栖动物的骨骼特征是鉴别其科、属的主要依据。对于种，除应用骨骼特征以外，还依据外部形态特征进行综合鉴定。据此，分别对有尾目和无尾目的主要形态结构，特别是外部形态特征加以说明，以便于掌握两栖动物分类学上常用的术语。

3.1 有尾目成体和幼体的外部形态

3.1.1 有尾目成体的外形常用量度

在分类上常用的有尾目物种量度（图1）有下列各项。

全长（total length，TOL）：自吻端至尾末端的长度。

头体长（snout-vent length，SVL）：自吻端至肛孔后缘的长度。

头长（head length，HL）：自吻端至颈褶或口角（无颈褶者）的长度。

头宽（head width，HW）：头或颈褶左右两侧之间的最大距离。

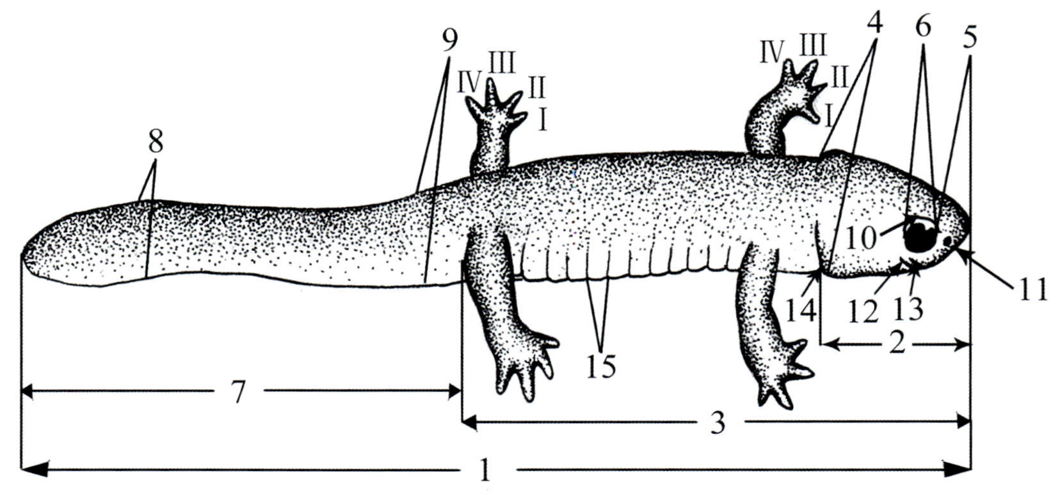

图1 有尾目成体外部形态及量度图（山溪鲵属 *Batrachuperus* sp.；引自费梁等，2006）

1. 全长；2. 头长；3. 头体长；4. 头宽；5. 吻长；6. 眼径；7. 尾长；8. 尾高；9. 尾宽；10. 上眼睑；11. 鼻孔；12. 口裂；13. 唇褶；14. 颈褶；15. 肋沟；Ⅰ、Ⅱ、Ⅲ、Ⅳ分别表示指和趾的顺序

吻长（snout length，SL）：自吻端至眼前角之间的距离。

躯干长（trunk length，TRL）：自颈褶至肛孔后缘的长度。

眼间距（interorbital space，IOS）：左右上眼睑内侧缘之间的最窄距离。

眼径（diameter of eye，ED）：与体轴平行的眼的直径。

尾长（tail length，TL）：自肛孔后缘至尾末端的长度。

尾高（tail height，TH）：尾上下缘之间的最大宽度。

尾宽（tail width，TW）：尾基部即肛孔两侧之间的最大宽度。

前肢长（length of foreleg，FLL）：自前肢基部至最长指末端的长度。

后肢长（length of hind leg，HLL）：自后肢基部至最长趾末端的长度。

腋至胯距（space between axilla and groin，AGS）：自前肢基部后缘至后肢基部前缘之间的距离。

3.1.2 有尾目外部形态特征常用术语

犁骨齿（vomerine teeth）：着生在犁腭骨上的细齿，其齿列的位置、形状和长短均具有分类学意义（图2）。

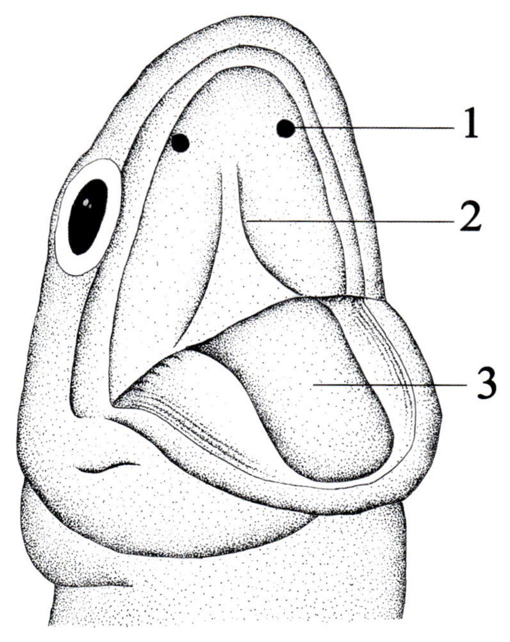

图2　蝾螈科头部口腔示意图（引自费梁等，2006）

1. 内鼻孔；2. 犁骨齿；3. 舌

囟门（fontanelle）：指颅骨背壁未完全骨化所留下的孔隙。位于前颌骨与鼻骨之间者称前颌囟；位于左右额骨与顶骨之中缝者称额顶囟。

唇褶（labial fold）：颌缘皮肤肌肉组织的帘状褶。通常在上唇侧缘后半部，掩盖着对应的下唇缘，见于山溪鲵属、北鲵属等属。

颈褶（jugular fold）：存在于颈部两侧及其腹面的皮肤皱褶，通常作为头部与躯干部的分界线。

肋沟（costal groove）：指躯干部两侧、位于两肋骨之间形成的体表凹沟。

尾鳍褶（tail fin fold）：位于尾上（背）、下（腹）方的皮肤肌肉褶襞称为尾鳍褶；在尾上方者称为尾背鳍褶，反之为尾腹鳍褶（图3）。不同于无尾目蝌蚪的膜状尾鳍。

角质鞘（horny cover）：一般指四肢掌、跖及指、趾底面皮肤的角质化表层，呈棕黑色，如山溪鲵。

卵胶袋或卵鞘袋（egg sack）：成熟卵在输卵管内向后移动时，管壁分泌的蛋白质将卵粒包裹后产出，蛋白层吸水膨胀形成袋状物，卵粒在袋内成单行或多行交错排列。

童体型或幼态性熟（neoteny）：指性腺成熟能进行繁殖，但又保留有幼体形态特征（如具外鳃或鳃孔）的现象。

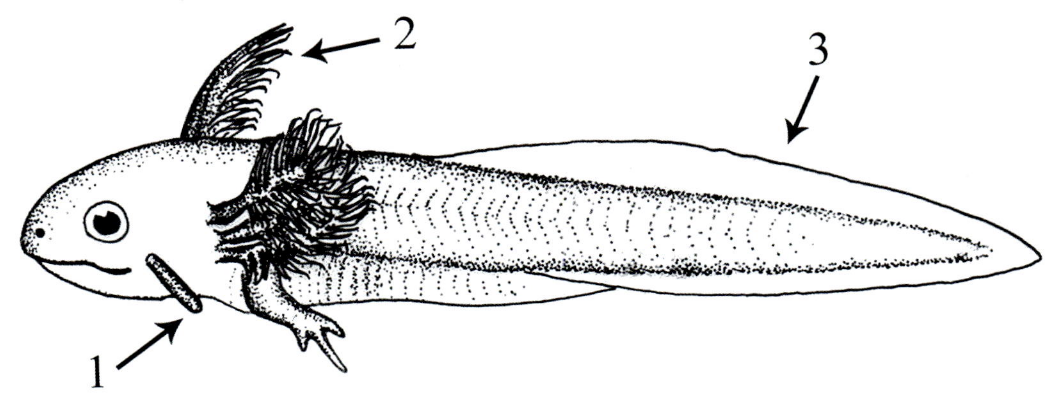

图3　有尾目幼体形态结构（引自费梁等，2006）

1．平衡枝；2．外鳃；3．尾鳍褶

3.2　无尾目成体的外部形态

3.2.1　无尾目成体的外形常用量度

在分类上常用的无尾目成体外形量度（图4）有下列各项。

体长（snout-vent length，SVL）：自吻端至体后端的长度。

头长（head length，HL）：自吻端至上下颌关节后缘的长度。

头宽（head width，HW）：头两侧之间的最大距离。

吻长（snout length，SL）：自吻端至眼前角的长度。

鼻间距（internasal space，INS）：左、右鼻孔内缘之间的距离。

眼间距（interorbital space，IOS）：左、右上眼睑内侧缘之间的最窄距离。

上眼睑宽（width of upper eyelid，UEW）：上眼睑的最大宽度。

眼径（diameter of eye，ED）：与体轴平行的眼的直径。

鼓膜径（diameter of tympanum，TD）：鼓膜最大的直径。

前臂及手长（1ength of lower arm and hand，LAHL）：自肘关节至第三指末端的长度。

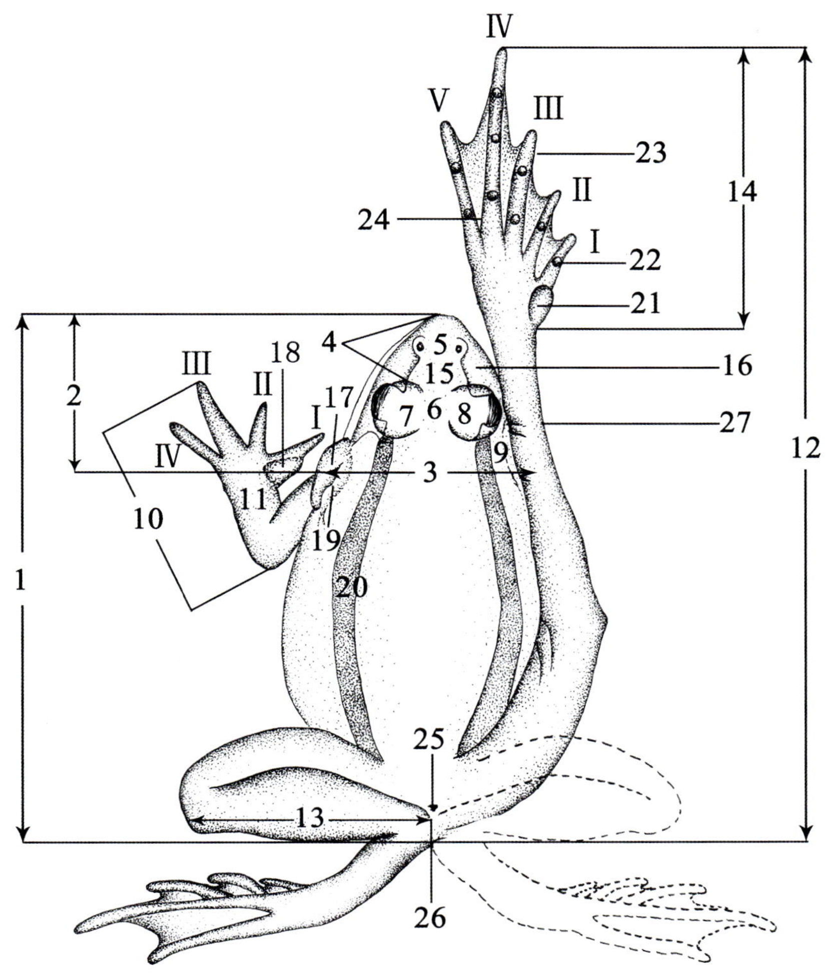

图4 无尾目成体外部形态及量度图（黑斑侧褶蛙；引自费梁等，2009a）

1．体长；2．头长；3．头宽；4．吻长；5．鼻间距；6．眼间距；7．上眼睑宽；8．眼径；9．鼓膜；10．前臂及手长；11．前臂宽；12．后肢全长；13．胫长；14．足长；15．吻棱；16．颊部；17．咽侧外声囊；18．婚垫；19．颞褶；20．背侧褶；21．内跖突；22．关节下瘤；23．蹼；24．外侧跖间之蹼；25．肛；26．示左、右跟部相遇；27．示胫跗关节前达眼部；手上的Ⅰ、Ⅱ、Ⅲ、Ⅳ表示指的顺序；足上的Ⅰ、Ⅱ、Ⅲ、Ⅳ、Ⅴ表示趾的顺序

前臂宽（diameter of lower arm，LAD）：前臂最粗的直径。

后肢或腿全长（hind limb length or leg length，HLL）：自体后端正中部位至第四趾末端长度。

胫长（tibia length，TL）：胫部两端之间的长度。

胫宽（tibia width，TW）：胫部最粗的直径。

跗足长（1ength of foot and tarsus，LFT）：自胫跗关节至第四趾末端的长度。

足长（foot length，FL）：自内跖突的近端至第四趾末端的长度。

3.2.2 外部形态特征常用术语

吻及吻棱（snout and canthus rostralis）：自眼前角至上颌前端称为吻或吻部；吻背面两侧的线状棱称为吻棱。吻部的形状及吻棱的明显与否，随属、种的不同而异。

颊部（loreal region）：指鼻眼之间的吻棱下方至上颌上方部位，其垂直或倾斜程度随属、种不同而异。

鼓膜（tympanum）：位于颞部中央，覆盖在中耳室外的一层皮肤薄膜，多为圆形。

内鼻孔（internal naris or choanae）：位于口腔顶壁前端一对与外鼻孔相通的小孔（图5）。

咽鼓管孔（pores of Eustachian tube）：位于口腔顶壁近两口角的一对小孔，与内耳相通，又称欧氏管孔（图5）。

上颌齿（maxillary teeth）：着生于上颌骨和前颌骨上的细齿，骨向腹面凸起而隐于口腔上皮内的脊棱，称犁骨棱；犁骨齿着生在犁骨或犁骨棱上的1排或1团细齿，位于内鼻孔内侧或后缘（图5）。犁骨齿的有或无及其位置、形状大小可作为分类特征之一。

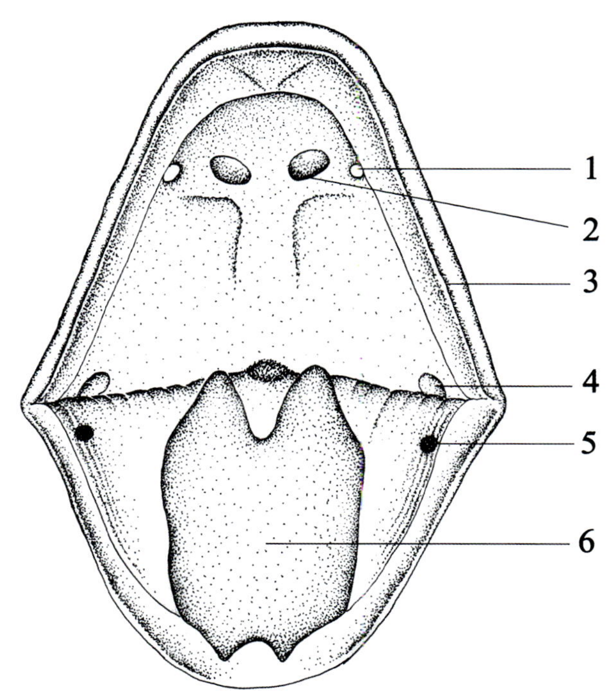

图5　无尾目口腔示意图（引自费梁等，2009a）

1. 内鼻孔；2. 犁骨齿；3. 上颌齿；4. 咽鼓管孔；5. 声囊孔；6. 舌

齿状突（tooth-like projection）：在下颌前方近中线的一对明显高出颌缘的齿状骨质突起。

声囊（vocal sac）：大多数种类的雄性在咽喉部由咽部皮肤或肌肉扩展形成的囊状突起，称为声囊（图6、图7）。在外表能观察到者为外声囊（external vocal sac），反之即为内声囊（internal vocal sac）。内声囊是由肌肉褶襞形成的，且被皮肤所掩盖的突囊。

声囊孔（opening of vocal sac）：在舌两侧或近口角处各有一圆形或裂隙状的孔，称为声囊孔（图6），声囊与口腔之间以此孔相通。

指、趾长顺序（digital formula）：用阿拉伯数字表示指、趾长短的顺序，如3、4、2、1，即表示第三指最长，依次递减，第一指最短。

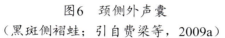

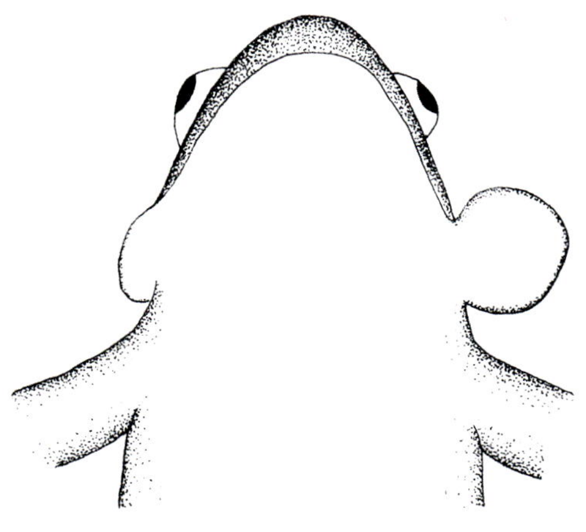

图6 颈侧外声囊
（黑斑侧褶蛙；引自费梁等，2009a）

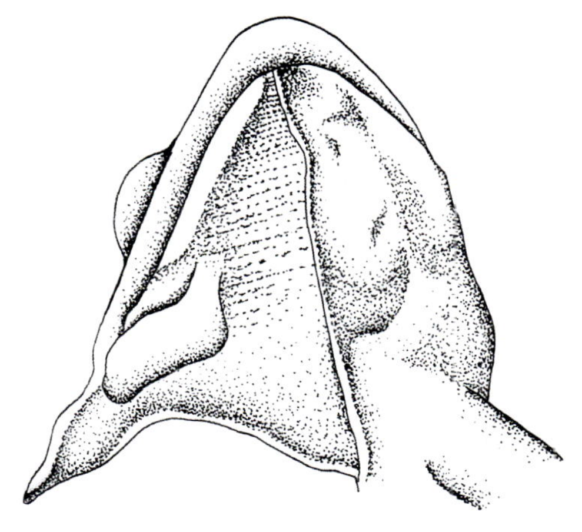

图7 咽侧下内声囊
（中国林蛙；引自费梁等，2009a）

指、趾吸盘（digital disc or disk）：指、趾末端扩大呈圆盘状，其底部增厚成半月形肉垫，可吸附于物体上。

指、趾沟（digital groove）：沿指、趾吸盘边缘和腹侧的凹沟。根据凹沟的位置又可分为以下两种。

①边缘沟或环缘沟（circummarginal groove）：指位于吸盘边缘，且在吸盘顶端贯通的凹沟，呈马蹄形，故又称马蹄形沟（horse shoe-shaped groove），其沟位于腹面边缘者又称腹缘沟（ventromarginal groove），如雨蛙科、树蛙科等物种（图8a）；其沟位于吸盘背面边缘者又称背缘沟（dorsomarginal groove），如湍蛙属指吸盘（图8b）。

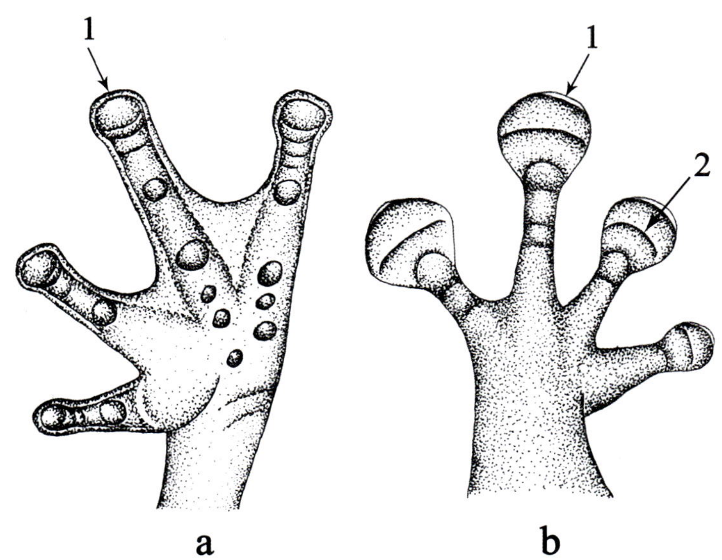

图8 手部示吸盘上有边缘沟示意图（引自费梁等，2009a）

a．手部腹面观，箭头处为吸盘腹面的边缘沟；b．手部背面观，示吸盘背面

1．边缘沟；2．横凹痕

②腹侧沟（lateroventral groove）：指位于吸盘腹面两侧接近边缘的凹沟，或长或短，两沟在吸盘顶端互不相通，其间距或窄或宽，有的几乎相连，如蛙科中的臭蛙属和趾沟蛙属等属的物种（图9a）。

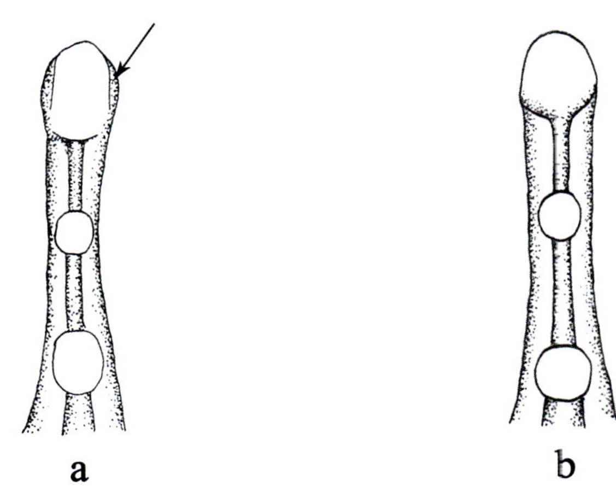

图9　指、趾末端示意图（引自费梁等，2009a）

a．指部腹面观，箭头处为指端具腹侧沟；b．指部腹面观，图示指端无沟

关节下瘤（subarticular tubercles）：为指、趾底面的活动关节之间的褥垫状突起（图9）。

指基下瘤（supernumerary tubercles below the base of finger）：位于掌部远端即在指基部的瘤状突起（图10）。

掌突与跖突（metacarpal and metatarsal tubercles）：指掌和跖底面基部的明显隆起，内侧者称为内掌突与内跖突，外侧者则称为外掌突与外跖突。它们的形状、大小、存在与否及内外二者的间距因种类而异。

跗瘤（tarsal tubercle）：着生在胫跗关节后端的一个瘤状突起。

缘膜（fringe）：为指、趾两侧的膜状皮肤褶。

蹼（web）：连接指与指或趾与趾的皮膜，称为蹼。多数种类指间无蹼，仅少数种类如树栖的

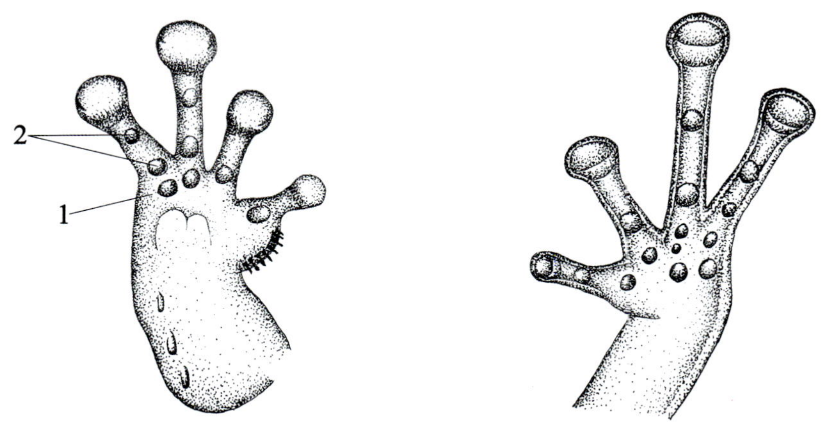

图10　武夷湍蛙和白颊费树蛙手部腹面观（引自费梁等，2009a）

1．指基下瘤；2．关节下瘤

某些物种其指间有蹼；趾间一般都有蹼。蹼的发达程度则因种类而异，同一物种内两性之间也可能存在差异。

指间蹼：主要以外侧2指，即第三、第四指之间蹼的形态，大致可分为以下5个类型。

①微蹼或蹼迹（rudimentary web）：指侧缘膜在指间基部相连而成很弱的蹼（图11）。

②1/3蹼（one third web）：指间蹼较明显，其蹼缘缺刻深，最深处未达到外侧2指的第二关节或关节下瘤中央之连线，如洪佛树蛙等（图12）。

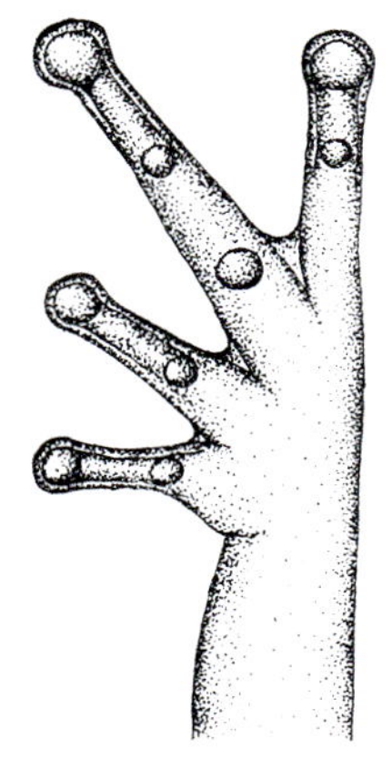

图11 侧条树蛙手部腹面观
（引自费梁等，2009a）
示指间微蹼或蹼迹

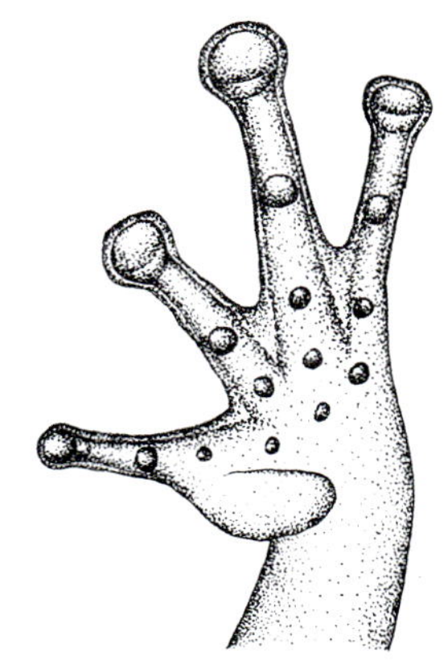

图12 洪佛树蛙手部腹面观
（引自费梁等，2009a）
示指间1/3蹼

③半蹼（half web）：指间之蹼明显，其蹼缘缺刻最深处与外侧2指的第二关节下瘤的连线约相切，如峨眉树蛙等（图13）。

④全蹼（entire web）：指间蹼达指端，其蹼缘略凹陷，其凹陷最深处远超过外侧2指第二关节下瘤的连线，如白颌大树蛙等（图14）。

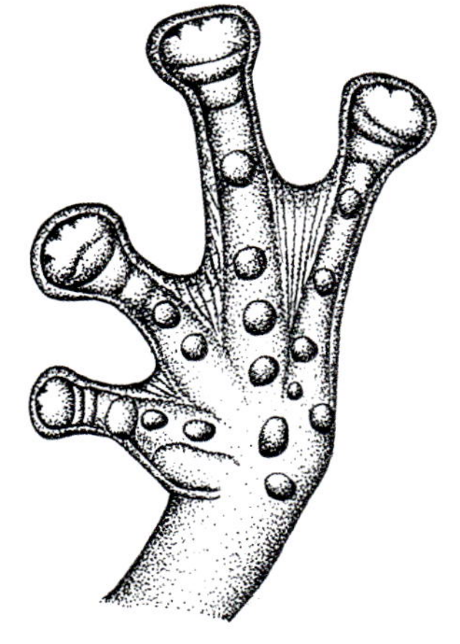

图13 峨眉树蛙手部腹面观
（引自费梁等，2009a）
示指间半蹼

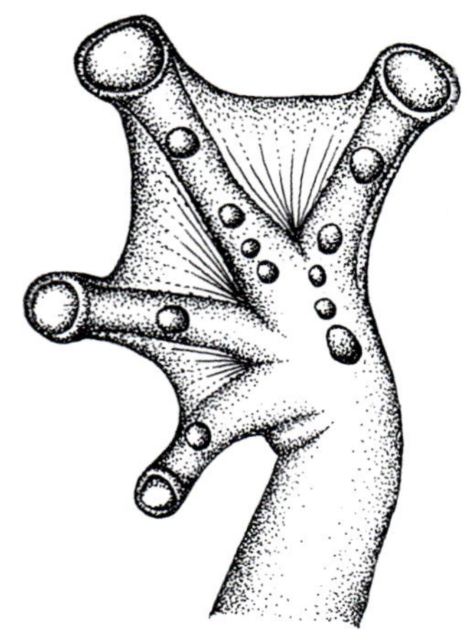

图14 白颌大树蛙手部腹面观
（引自费梁等，2009a）
示指间全蹼

⑤满蹼（full web）：指间蹼均达指端，蹼缘凸出或平齐于指吸盘基部，如黑蹼树蛙等（图15）。

趾间蹼：以外侧3趾间即第三、第四趾和第四、第五趾之间蹼的形态，有的种趾间无蹼，如莽山角蟾等（图 16），有蹼者大致可分为以下6个类型。

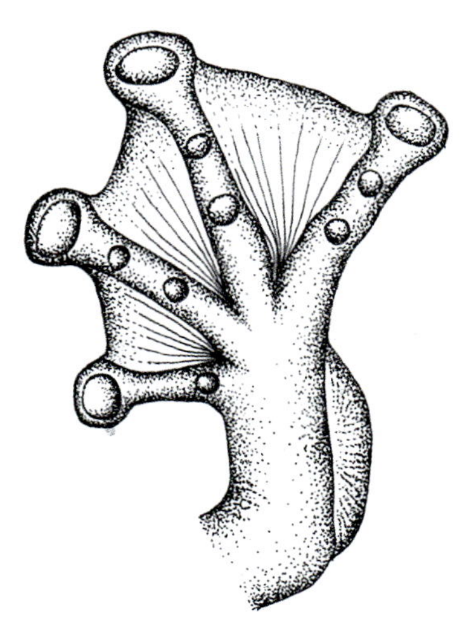

图15 黑蹼树蛙手部腹面观
（引自费梁等，2009a）
示指间满蹼

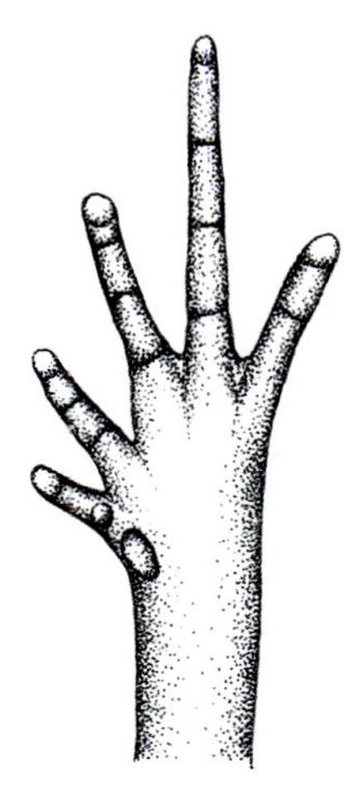

图16 莽山角蟾足部腹面观
（引自费梁等，2009a）
示足趾间无蹼

①微蹼或蹼迹：趾侧缘膜在趾间基部相连接处有很弱的皮膜，如高山掌突蟾等（图17）。

②1/3蹼：趾间的蹼均不达趾端，蹼缘缺刻很深，其最深处未达到第三、四趾及第四、五趾间的第二关节或关节下瘤中央的连线，如白颊水树蛙等（图18）。

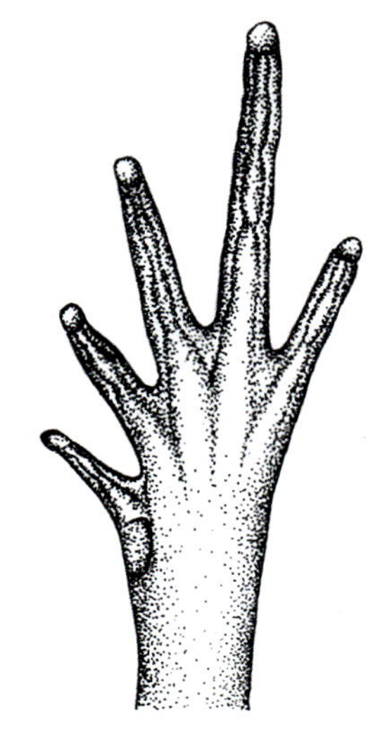

图17 高山掌突蟾足部腹面观
（引自费梁等，2009a）
示趾间微蹼或蹼迹

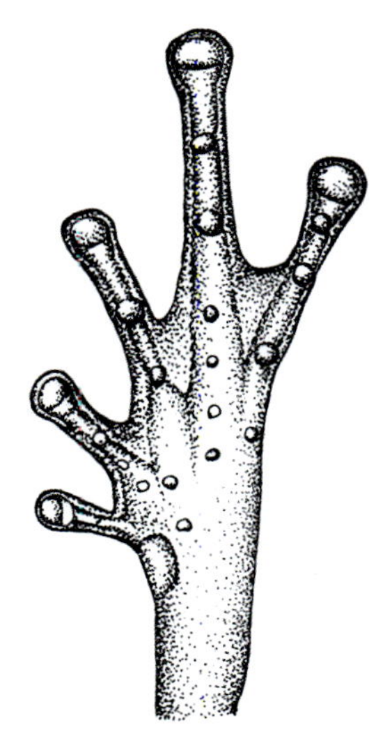

图18 白颊费树蛙足部腹面观
（引自费梁等，2009a）
示趾间1/3蹼

③半蹼：指趾间的蹼均不达趾端，蹼缘缺刻较深，其最深处与两趾的第二关节下瘤连线约相切，如中国林蛙等（图19）。

④2/3蹼：趾间蹼较发达，除第四趾侧的蹼不达趾端而仅达第三关节下瘤及其附近外，其余各趾的蹼均达趾端，但蹼缘缺刻最深处超过两趾第二关节下瘤的连线，如花臭蛙等（图20）。

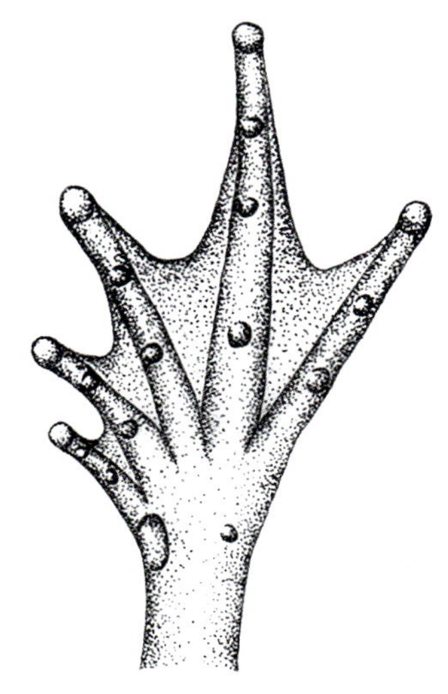

图19 中国林蛙足部腹面观
（引自费梁等，2009a）
示趾间1/2蹼

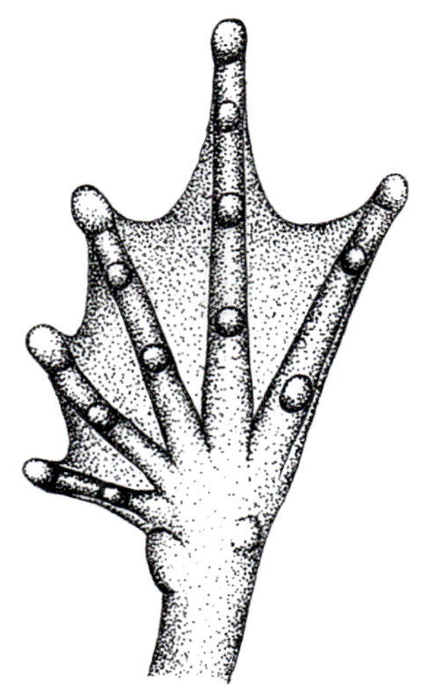

图20 花臭蛙足部腹面观
（引自费梁等，2009a）
示趾间2/3蹼

⑤全蹼：各趾的蹼均达趾端，其蹼缘凹陷呈弧形，凹陷最深处远超过两趾第二关节下瘤的连线，如无指盘臭蛙等（图21）。

⑥满蹼：趾间的蹼达趾端，其蹼缘凸出或平齐于趾端的连线，如隆肛蛙和尖舌浮蛙（图22）。

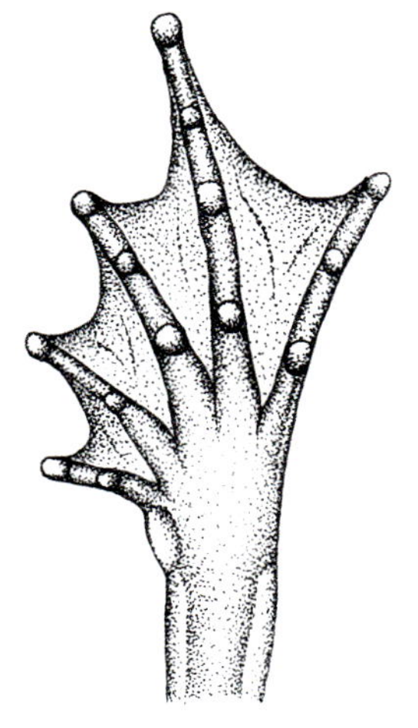

图21 无指盘臭蛙足部腹面观
（引自费梁等，2009a）
示趾间全蹼

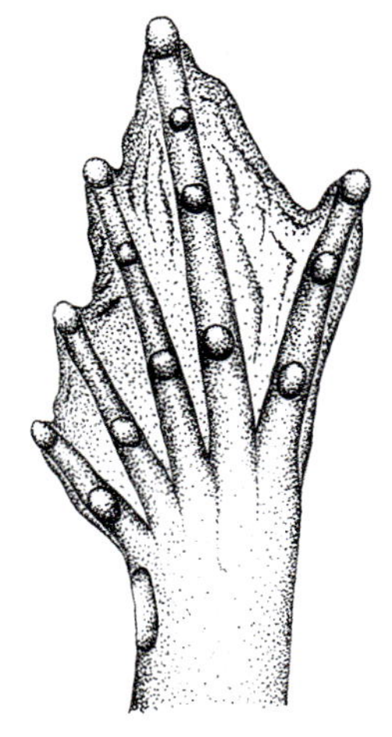

图22 隆肛蛙足部腹面观
（引自费梁等，2009a）
示趾间满蹼

雄性线（lineae masculinae）：雄蛙的腹斜肌（腹内斜肌和腹外斜肌）与腹直肌之间的带状结缔组织，呈白色、粉红色或红色（图23）；部分种类在背侧也有此线。大多存在于高等类群的种类中，低等类群少有此线。

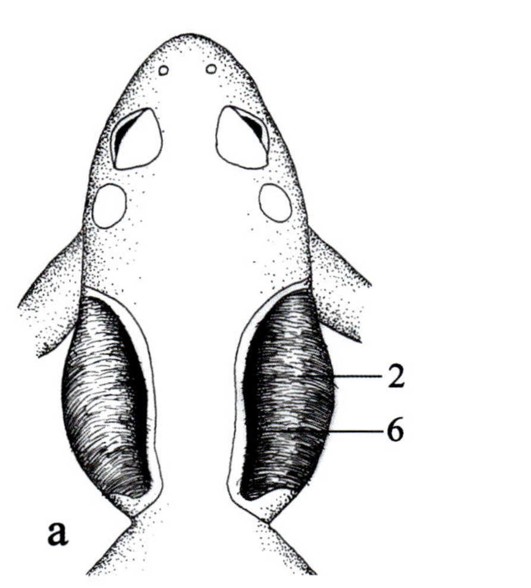

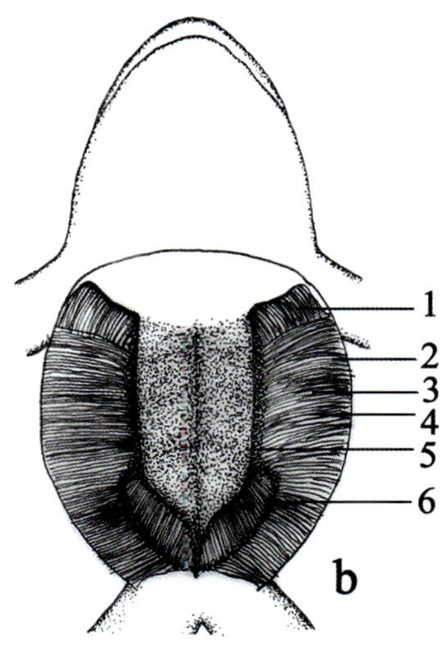

图23　雄性黑斑侧褶蛙背腹侧雄性线（引自费梁等，2009a）
a．背面观示背侧雄性线；b．腹面观示腹侧雄性线
1．腹内斜肌；2．腹外斜肌；3．白线；4．腱划；5．腹直肌；6．雄性线

皮肤表面结构仅根据皮肤表面的隆起状态，以肉眼所能观察到的加以说明。

头棱或头侧棱（cephalic ridges）：有的种类在头部两侧，即从吻端经眼部内侧至鼓膜上方由皮肤形成的非角质化、角质化或骨质化的嵴棱，统称为头棱或头侧棱（图 24）。

跗褶（tarsal fold）：在后肢跗部背、腹交界处的纵走皮肤腺隆起，称为跗褶（图 25）；内侧者为内跗褶，外侧者为外跗褶。

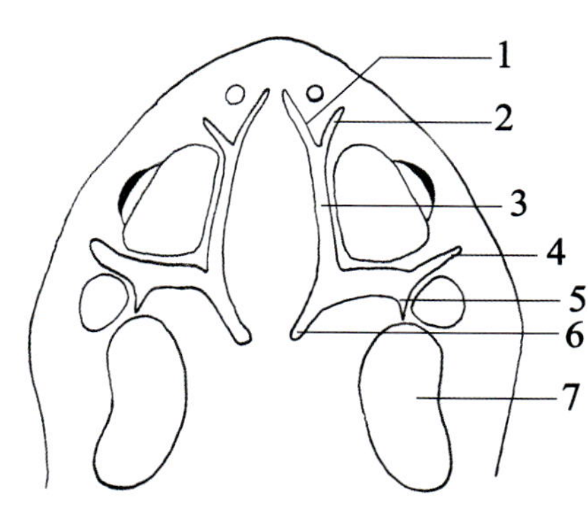

图24　蟾蜍属头部背面观示头棱和耳后腺
（引自费梁等，2009a）
1．吻上棱；2．眶前棱；3．眶上棱；4．眶后棱；
5．鼓上棱；6．顶棱；7．耳后腺

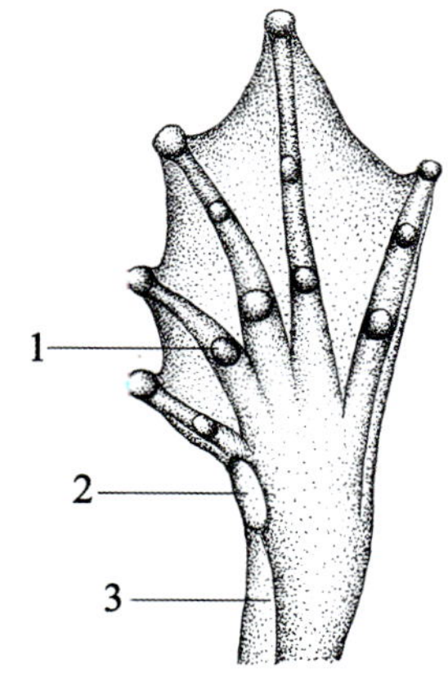

图25　版纳大头蛙足部腹面观
（引自费梁等，2009a）
1．关节下瘤；2．跖突；3．跗褶

肤褶或肤棱（skin fold or skinridge）：皮肤表面略微增厚而形成分散的细褶，称为肤褶或肤棱。

耳后腺（parotoid gland）：指位于眼后至枕部两侧由皮肤增厚形成的明显腺体。其大小和形态因种而异（图24）。

颞褶（temporal fold，supratympanic fold）：自眼后经颞部背侧达肩部的皮肤增厚所形成的隆起（图26）。

背侧褶（dorsolateral fold）：在背部两侧，一般起自眼后伸达胯部的1对纵走皮肤腺隆起（图26）。

颌腺（maxillary gland）或口角腺（rectal gland）：位于两口角后方的成团或窄长皮肤腺体（图27）。

肱腺或臂腺（humeral gland）：位于雄蛙前肢或上臂基部前方的扁平皮肤腺（图27），如沼水蛙、黑带水蛙。

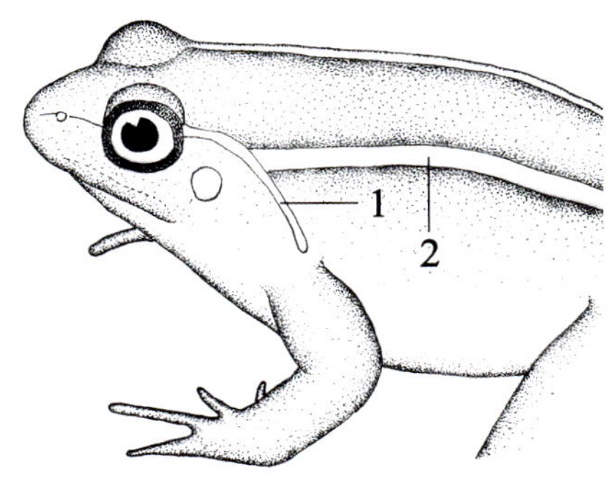

图26 蛙侧面观（引自费梁等，2009a）

1. 颞褶；2. 背侧褶

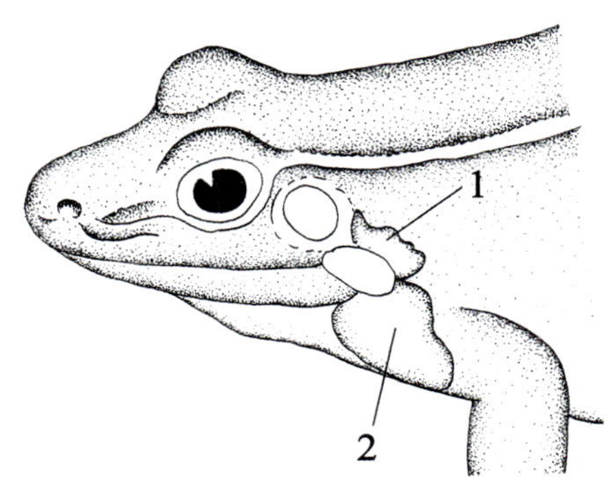

图27 沼水蛙侧面观（引自费梁等，2009a）

1. 颌腺；2. 肱腺

肩腺（shoulder gland，suprabrachial gland）：位于雄蛙体侧肩部后上方的扁平皮肤腺体（图28），如弹琴蛙、滇侧褶蛙。

股腺（femoral gland）：位于股部后下方的疣状皮肤腺体（图29），如金顶齿突蟾。

胸腺（chest gland，pectoral gland）：位于雄蛙胸部的1对扁平皮肤腺体；一般在繁殖季节明

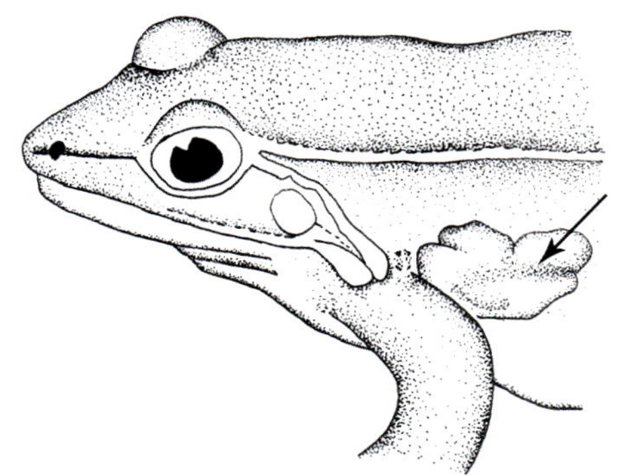

图28 滇蛙侧面观（引自费梁等，2009a）

箭头处示肩腺

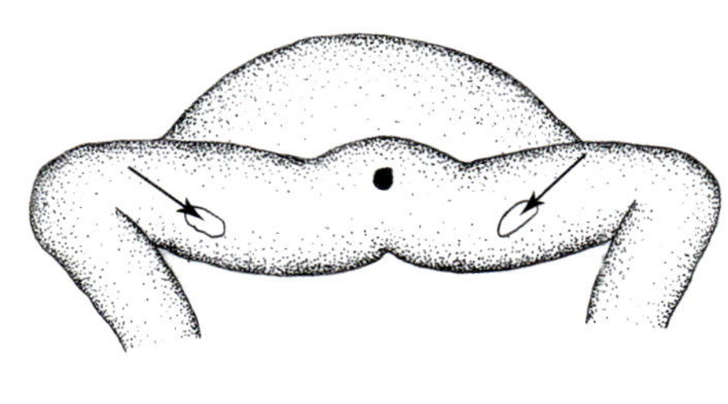

图29 金顶齿突蟾（引自费梁等，2009a）

箭头处示股后部股腺

显，而且上面多被着生的棕褐色或黑色角质刺团所掩盖（图30）。

腋腺或肋腺（axillary gland）：位于腋部（肋部）内侧的1对扁平腺体；雌、雄蛙均有之，一般色较浅，雄蛙的腋腺在胸腺的外侧，有的种类在繁殖季节，其上还着生有深色角质刺（图30）。

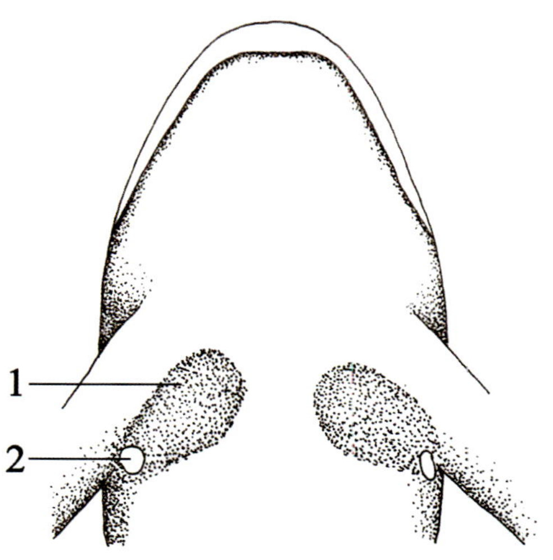

图30　疣刺齿蟾腹面观（引自费梁等，2009a）

1．胸腺；2．腋腺或肋腺

胫腺（tibial gland）：在胫跗部外侧的粗厚皮肤腺体，如胫腺侧褶蛙。

瘰粒（warts）：指皮肤上排列不规则、分散或密集而表面较粗糙的大隆起，如蟾蜍属。

疣粒及痣粒（tubercle and granule）：较瘰粒要小的光滑隆起即称为疣粒；较疣粒更小的隆起则为痣粒，有的呈小刺状。二者的区别是相对的，仅为描述方便而提出。

角质刺（keratinized spines，horny spines）：是皮肤局部角质化的衍生物，呈刺状或锥状，多为黑褐色；其大小、强弱、疏密和着生的部位因种而异。

婚垫与婚刺（nuptial pad and nuptial spines）：雄蛙第一指基部内侧的局部隆起称为婚垫，少数种类的第二、第三指内侧亦存在。婚垫上着生的角质刺即称婚刺（图31，图32）。

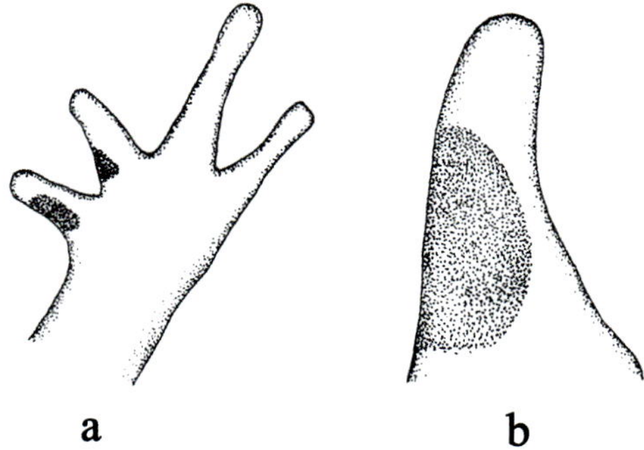

图31　峨眉角蟾手部背面观
（引自费梁等，2009a）

a．手部背面观，示婚刺群所在部位；
b．第一指背面观，示婚刺细密

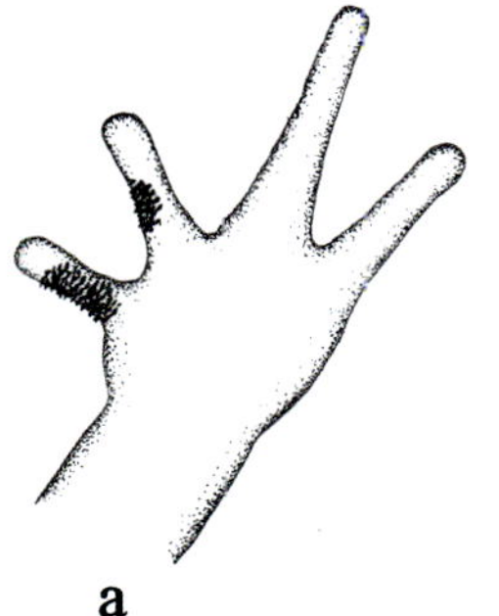

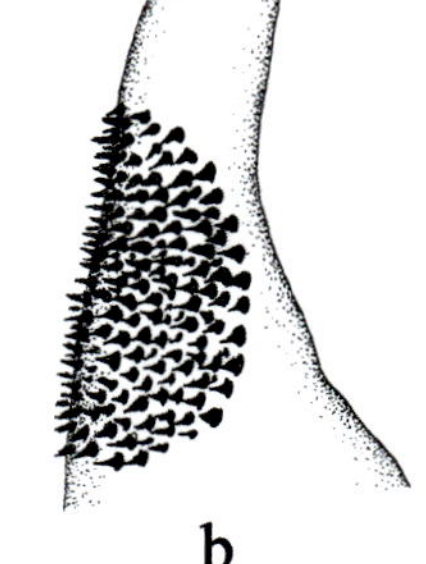

图32　棘指角蟾手部背面观
（引自费梁等，2009a）

a．手部背面观，示婚刺群所在部位；
b．第一指背面观，示婚刺粗大

3.2.3 骨骼系统

（1）肩带与胸骨组合的类型，可分为两大类型。

弧胸型（arcifera）：主要特征是上喙软骨颇大且呈弧状，其外侧与前喙软骨和喙骨相连，一般是右上喙软骨重叠在左上喙软骨的腹面，肩带可通过上喙软骨在腹面左右交错活动；前胸骨与中胸骨仅部分发达或不发达（图33a），如铃蟾科、角蟾科、蟾蜍科和雨蛙科均属弧胸型。

固胸型（firmistema）：主要特征是上喙软骨极小，其外侧与前喙软骨和喙骨相连，左、右上喙软骨在腹中线紧密连接而不重叠，有的种类甚至合并成一条窄小的上喙骨；肩带不能通过上喙软骨左、右交错活动。蛙科、树蛙科和姬蛙科属于固胸型（图33b）。有的种类具弧固胸肩带（arcifero-firmisterny），上喙软骨小，略呈弧状，其右上喙软骨下部略重叠在左上喙软骨的腹面，其前部与前喙软骨和喙骨相连，肩带可通过上喙软骨后部在腹面左右交错活动（图33c）。

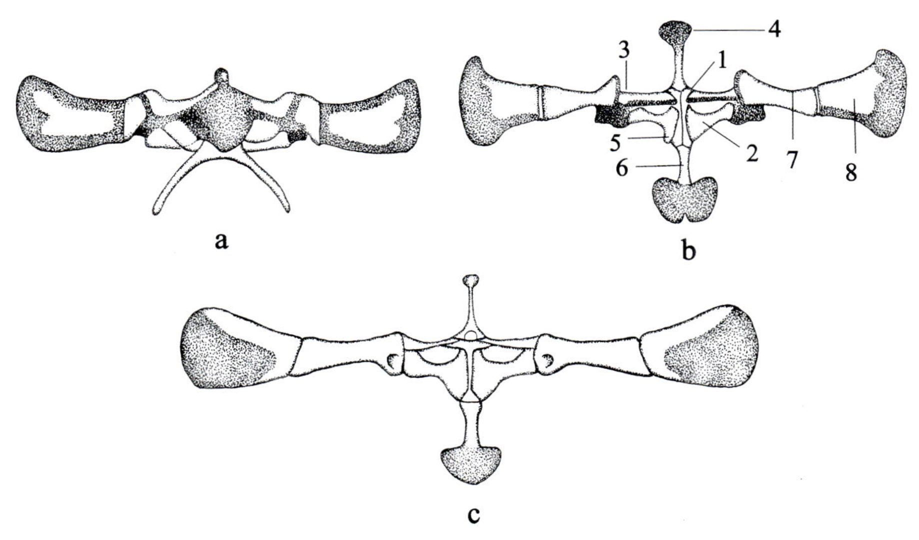

图33 肩带类型（引自费梁等，2009a）

a．弧胸型肩带（大蹼铃蟾）；b．固胸型肩带（黑斑侧褶蛙）；c．弧固胸肩带（虎纹蛙）

1．前喙软骨；2．喙骨；3．锁骨；4．前胸骨（上胸骨、肩胸骨）；5．上喙骨；
6．后胸骨（中胸骨和剑胸骨）；7．肩胛骨；8．上肩胛骨

（2）椎体类型：无尾目的脊柱有10枚椎骨，即颈椎（寰椎）1枚、躯椎7枚、荐椎（或骶椎）和尾杆骨（或尾椎）各1枚。椎骨的椎体均不发达，按照前后接触面的凹凸差异，组成以下5种类型（图34）。

双凹型（amphicoelous）：各个椎骨的椎体前后都是凹的，如尾蟾（图34a）。

后凹型（opisthocoelous）：各个椎骨的椎体都是前凸后凹的，如铃蟾科即属此型。其前3枚躯椎各具1对短肋，荐椎横突宽大，尾杆骨髁1个或2个，尾杆骨近端常有1对或2对退化的横突（图34b）。

变凹型（anomocoelous）：大部分或全部椎体都是前凹后凸的，间或也有若干个椎体前后是凹的（即为双凹）；荐椎横突宽大；荐椎与尾杆骨完全愈合而无关节，或者具关节而仅有1个尾杆骨

髁，如角蟾科属此类型（图34c）。

前凹型（procoelous）：各个椎骨的椎体都是前凹后凸的；荐椎横突较宽大，尾杆骨髁2个，如蟾蜍科和雨蛙科属此类型（图34d）。

参差型（diplasiocoelous）：第一至第七枚椎骨的椎体为前凹型；第8枚椎骨的椎体却为双凹；荐椎的椎体前后都是凸的（即为双凸），其前凸面与第八枚的后凹面相关节，而其后凸面为2个尾杆骨髁与尾杆骨相关节；荐椎横突呈柱状或略宽大。例如，蛙科、树蛙科和姬蛙科属于该类型（图34e）。

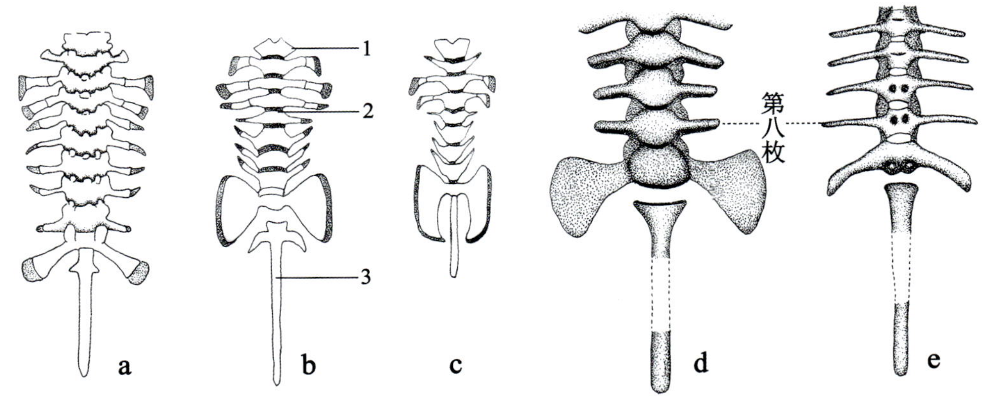

图34 无尾目Anura脊柱类型（引自费梁等，2009a）

a. 双凹型（尾蟾）；b. 后凹型（大蹼铃蟾）；c. 变凹型（无蹼齿蟾）；
d. 前凹型（中华蟾蜍）；e. 参差型（黑斑侧褶蛙）

1. 颈椎；2. 躯椎；3. 荐椎

介间软骨（intercalary cartilage）：为指、趾最末两个骨节之间的1小块软骨，有的可能骨化（图35）。雨蛙科和树蛙科均有此软骨。

“Y”形骨（Y-shaped phalange）：指、趾最末节骨的远端分叉呈“Y”形（图35），如树蛙科。

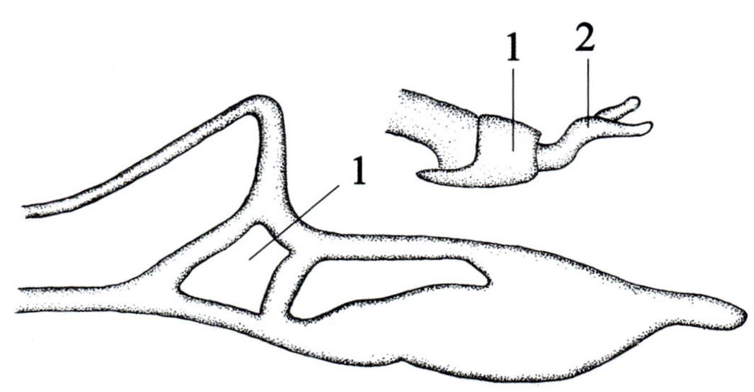

图35 树蛙属指、趾的末段骨节（引自费梁等，2009a）

1. 介间软骨；2. “Y”形骨

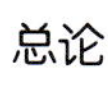

3.3 无尾目蝌蚪外形量度和形态结构特征

3.3.1 无尾目蝌蚪的外形量度

在分类上常用的无尾目物种的量度（图36）有下列各项。

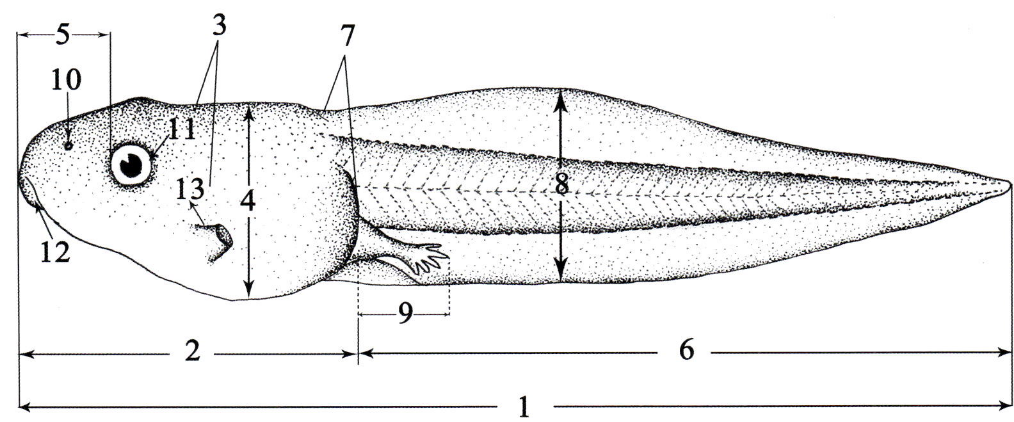

图36 无尾目蝌蚪外部形态（引自费梁等，2009a）

1. 全长；2. 头体长；3. 体宽；4. 体高；5. 吻长；6. 尾长；7. 尾肌宽；8. 尾高
9. 后肢长；10. 鼻孔；11. 眼；12. 口部；13. 出水孔

全长（total length，TOL）：自吻端至尾末端的长度。

头体长（snout-vent length，SVL）：自吻端至肛管基部的长度。

体高（body height，BH）：体背、腹面之间的最大高度。

体宽（body width，BW）：体两侧的最大宽度。

吻长（snout length，SL）：自吻端至眼前角的长度。

吻至出水孔（snout to spiraculum，SS）：自吻端至出水孔的长度。

口宽（mouth width，MW）：上、下唇左右会合处的最大宽度。

眼间距（interocular space，IOS）：两眼之间的最窄距离。

尾肌宽（diameter of tail muscle，TMD）：尾基部的最大直径。

尾长（tail length，TL）：自肛管基部至尾末端的长度。

尾高（tail height，TH）：尾上、下缘之间的最大高度。

后肢或后肢芽长（length of hind limb or hind limb bud，HLL）：自后肢（或后肢芽）基部至第四趾末端的长度。当后肢发育较为完全时，或仅量跗足长。

3.3.2 无尾目蝌蚪外部形态特征常用术语

出水孔（spiraculum, spiracle）：指小蝌蚪的外鳃被鳃盖褶包盖后，在体表保留的出水小孔。

尾鳍（caudal fin）：位于尾部分节的肌肉上、下方的薄膜状结构，称为尾鳍；上方者称为上尾鳍，反之则为下尾鳍。

尾末段形态可分为5个类型：尾部末端细尖，如斑腿泛树蛙（图37）；尾部末段尖，如华西雨蛙（图38）；尾部末端钝尖，如宝兴树蛙（图39）；尾部末端钝圆，如隆肛蛙（图40）；尾端 末端圆，如西藏蟾蜍（图41）。

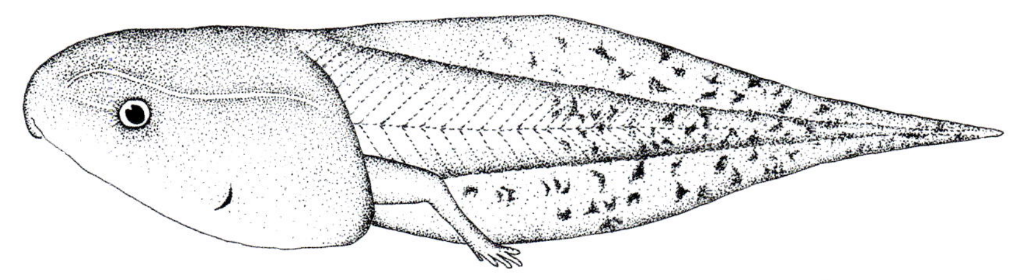

图37 斑腿泛树蛙蝌蚪示尾部末段细尖（引自费梁等，2009a）

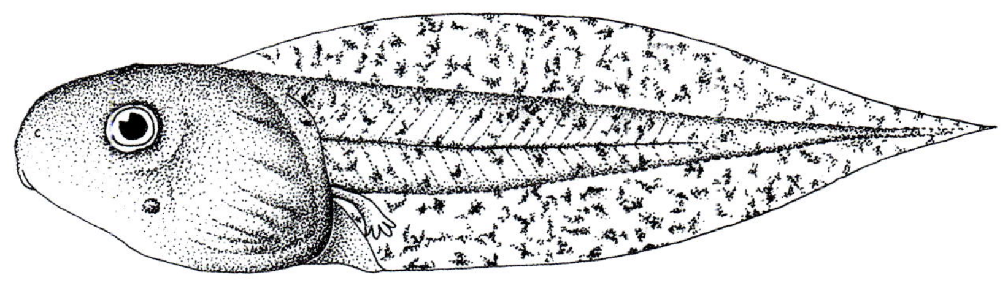

图38 华西雨蛙蝌蚪示尾部末段尖（引自费梁等，2009a）

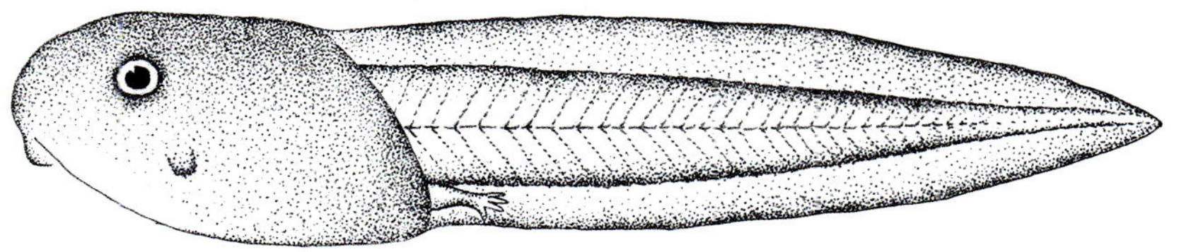

图39 宝兴树蛙蝌蚪示尾部末段钝尖（引自费梁等，2009a）

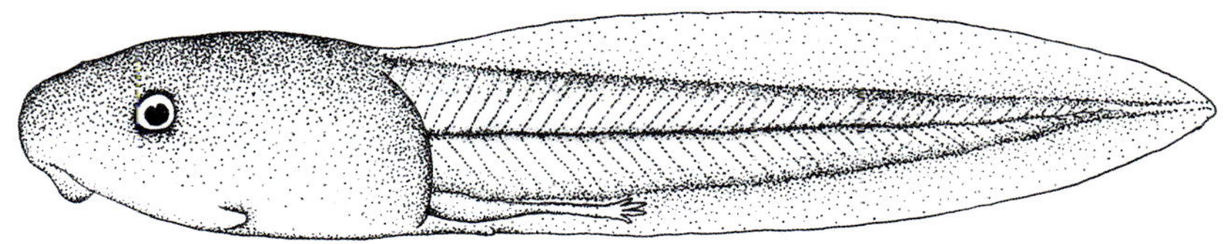

图40 隆肛蛙蝌蚪示尾部末段钝圆（引自费梁等，2009a）

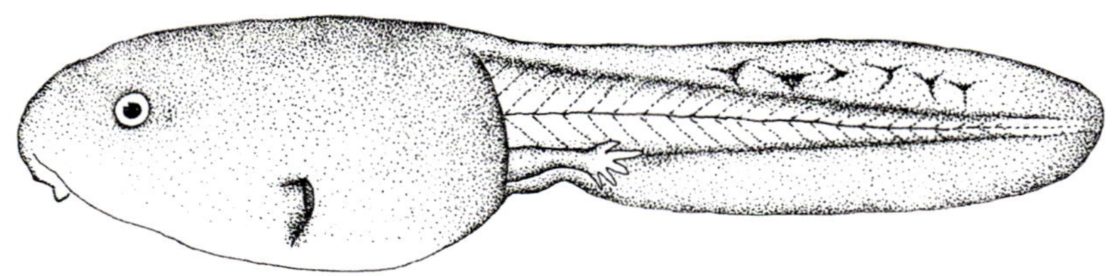

图41　西藏蟾蜍蝌蚪示尾部末段圆（引自费梁等，2009a）

3.3.3　无尾目蝌蚪口部形态特征常用术语

唇乳突（labial papillae）：口部周围具宽的薄唇，上方者称为上唇，下方者为下唇，上、下唇两侧的会合处即为口角。唇游离缘上的乳头状小突起称为唇乳突，有的亦称为唇缘乳突（labial marginal papillae）（图42）。唇乳突的多少及分布因类群不同而异。

副突（additional papillae）：位于两口角内侧的若干小突起，称为副突（图42）。

唇齿及唇齿式（labial teeth and keratodont formula）：上、下唇内侧一般具横行的棱状突起即唇齿棱，其上生长着密集的角质齿称为唇齿。唇齿的行数和排列方式随种类的不同而有差异，可用唇齿式表示，如Ⅰ：1+1/1+1：Ⅱ（图42）。斜线之上为上唇齿；第一排（外排）是完整的，用“Ⅰ”表示；第二排左右对称排列，各为1短行，即用“1+1”表示。斜线之下为下唇齿，由内向外；第一排（内排）中央间断成左、右两短行，即用“1+1”表示；第二和三排是完整的，在中央不间断，即用“Ⅱ”表示。

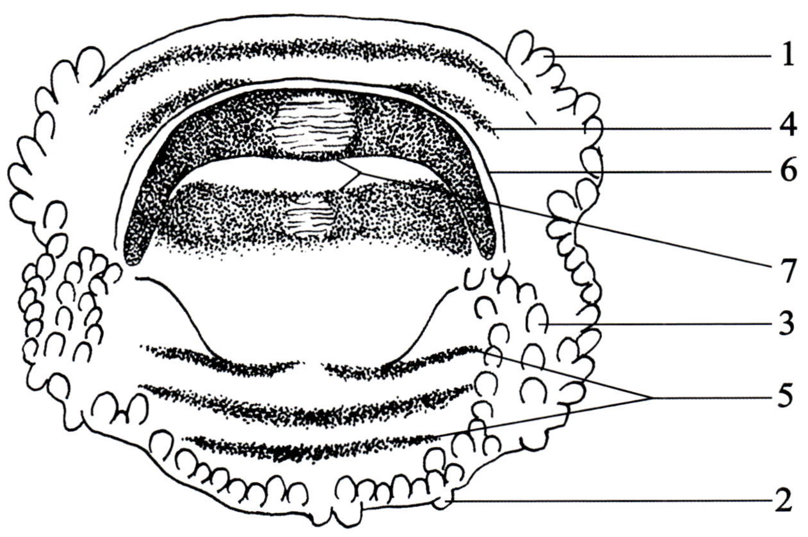

图42　蝌蚪口部（黑斑侧褶蛙）（引自费梁等，2009a）

1. 上唇乳突；2. 下唇乳突；3. 副突；4. 上唇齿式（Ⅰ：1+1）；5. 下唇齿式（1+1：Ⅱ）；6. 角质颌；7. 锯齿状突

角质颌（keratinized beak，horny beak）：指口部中央的上、下两片黑褐色角质结构，其游离缘有锯齿状突起（图42）。上、下颌片中央即是口；口的内部即为口咽腔（buccopharyngeal cavity）。

舌前乳突（prelingual papillae）：曾称为“味觉器”（taste organs）。位于口咽腔前部，即下颌片后方至舌原基（tongue anlage）前方之间的若干成对的小突起，称为舌前乳突（图43）。它们的形态（包括分支）、数量及排列方式等均有分类学意义。

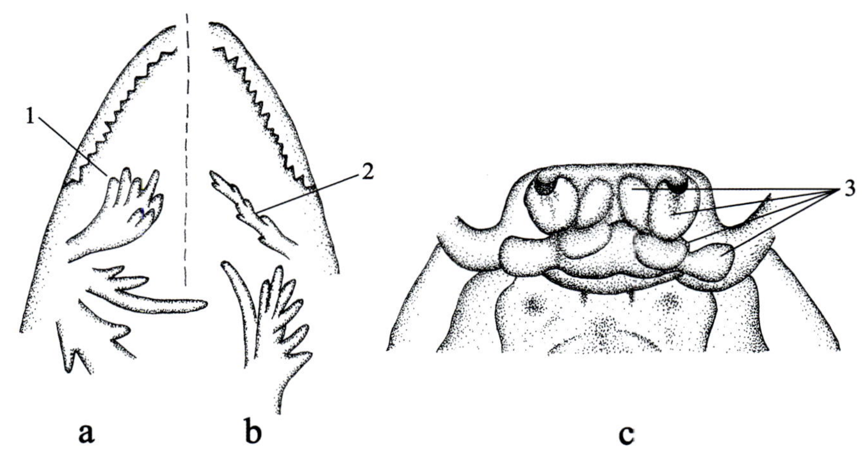

图43　蝌蚪口腔内舌前乳突示意图（引自费梁等，2009a）

a．齿蟾属，第一对舌前乳突；b．齿突蟾属，第一对舌前乳突；c．角蟾属，舌前乳突

1．示呈多指掌状；2．示呈单指状；3．示呈匙状，共4对

3.3.4　蝌蚪类型

依据唇齿的有或无和出水孔的位置，可将蝌蚪分为5个类型。

无唇齿双孔型（xenoanura）：蝌蚪口部无唇齿及角质颌，在腹部具1对出水孔（图44）。

无唇齿腹孔型（scoptanura）：口部无唇齿及角质颌，在腹部后端中央仅有1个出水孔（图45），仅姬蛙科属此型。

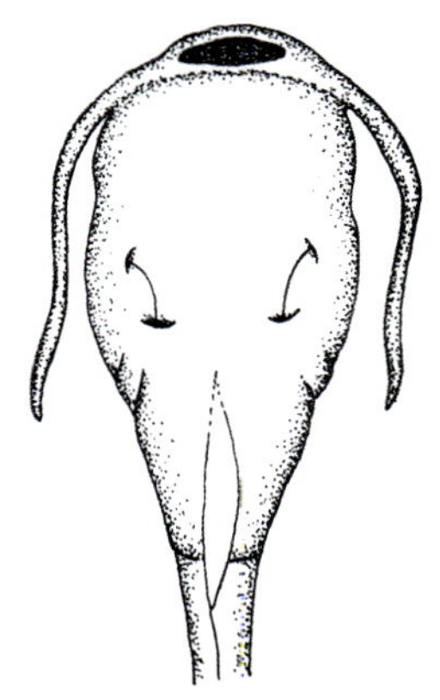

图44　负子蟾属蝌蚪（引自费梁等，2009a）

示无唇齿和2个出水孔位于腹中部两侧

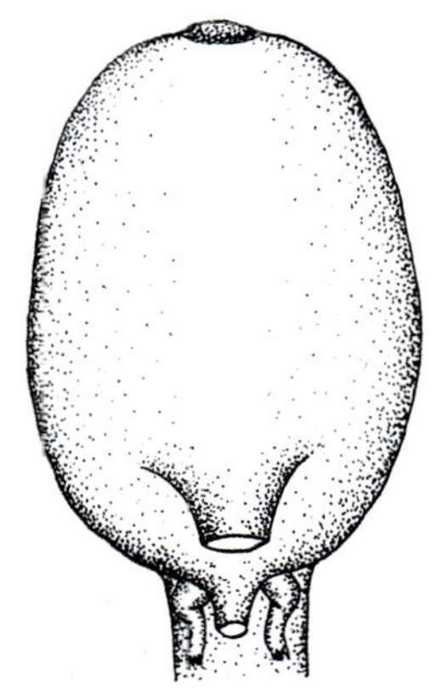

图45　姬蛙属蝌蚪（引自费梁等，2009a）

示无唇齿和1个出水孔位于腹后部

有唇齿腹孔型（1emmanura）：口部具唇齿及角质颌，在腹部中央有1个出水孔（图46）。此型包括盘舌蟾科、铃蟾科和尾蟾科。

有唇齿左孔型（Acosmanura）：口部具唇齿及角质颌，出水孔位于体左侧（图47）。除上述3种类型和浮蛙亚科之外的其余各科的蝌蚪均属此型。

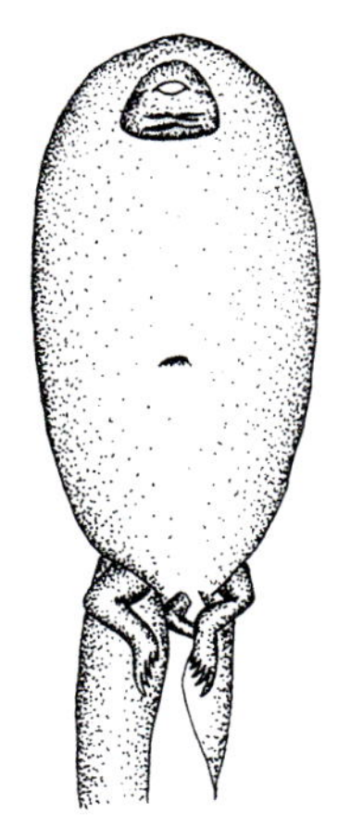

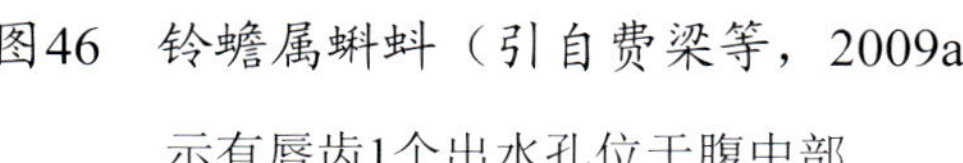

图46　铃蟾属蝌蚪（引自费梁等，2009a）

示有唇齿1个出水孔位于腹中部

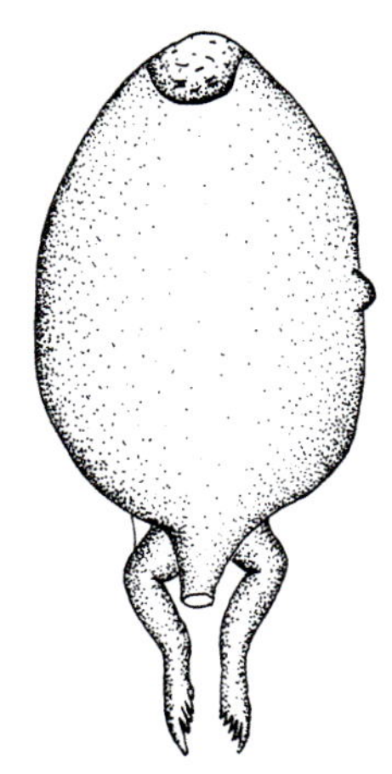

图47　蛙科蝌蚪（引自费梁等，2009a）

示有唇齿和1个出水孔位于体左侧

除以上4种类型之外，有的类群无唇齿和唇乳突，而出水孔位于体左侧，可称为无唇齿左孔型（图48），如浮蛙亚科。

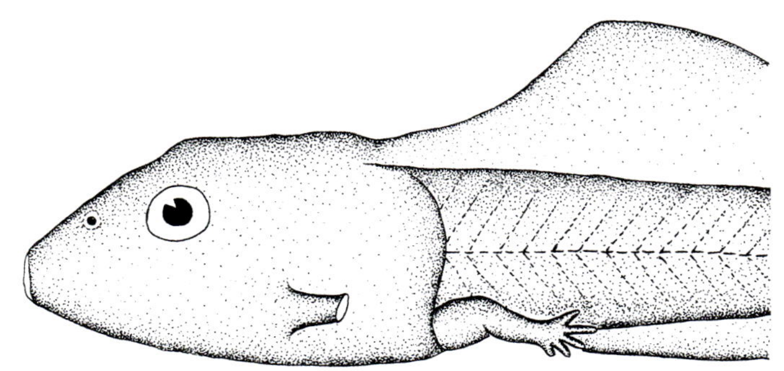

图48　尖舌浮蛙蝌蚪身体前部侧面观（引自费梁等，2009a）

示无唇齿和1个出水孔位于体左侧

各论

有尾目

CAUDATA Duméril, 1806

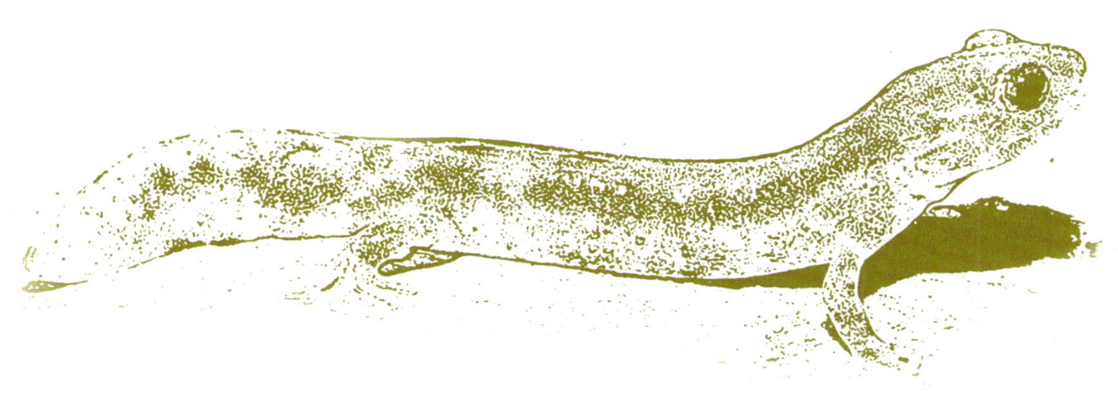

小鲵科 Hynobiidae Cope, 1859 (1856)

拟小鲵属 *Pseudohynobius* Fe and Ye, 1983

1 贵州拟小鲵

Pseudohynobius guizhouensis Li, Tian and Gu, 2010

【英 文 名】

Guizhou Salamander

【鉴别特征】

雄鲵全长176.0—184.0mm，雌鲵全长157.1—203.4mm；肋沟12—13条；前后肢贴体相对时，指、趾端重叠；犁骨齿列长，每侧有齿12—17枚；尾长小于头体长；生活时整个背面紫褐色，有不规则的橘红色或土黄色近圆形斑，身体腹面具有分散细小白点，体背及四肢背面无小白点。

【生态资料】

生活于海拔1400—1700m的较高山区。成体非繁殖期远离水域，生活在植被茂密、地表枯枝落叶层厚、阴凉潮湿的环境中，幼体生活在小溪回水处。

【地理分布】

贵州特有种。贵州分布于贵定、麻江、都匀。

【种群状态】

国家二级保护野生动物。种群数量少。受胁等级为濒危（EN）。

贵州拟小鲵生境（麻江）

1 贵州拟小鲵（性别不详，贵定）
2/3 贵州拟小鲵（亚成体，麻江）
4/5 贵州拟小鲵（幼体，麻江）

小鲵科 Hynobiidae Cope, 1859 (1856)

拟小鲵属 *Pseudohynobius* Fe and Ye, 1983

2 金佛拟小鲵

Pseudohynobius jinfo Wei, Xiong and Zeng, 2009

【英 文 名】

Jinfo Salamander

【鉴别特征】

雄鲵全长198.7mm左右，雌鲵全长163.3mm左右；肋沟12条；前后肢贴体相对时，指趾端略重叠；犁骨齿列长，每侧有齿8—9枚；尾长大于头体长；生活时整个背面紫褐色，有不规则的土黄色小斑点或斑块。

【生态资料】

该鲵生活于海拔1980—2150m的植被繁茂的山区。白天成体隐蔽在溪边草丛，晚上在水内活动。

【地理分布】

中国特有种。贵州分布于桐梓、道真。国内其他分布区有重庆。

【种群状态】

国家二级保护野生动物。种群数量很少。受胁等级为极危（CR）。

金佛拟小鲵生境（桐梓）

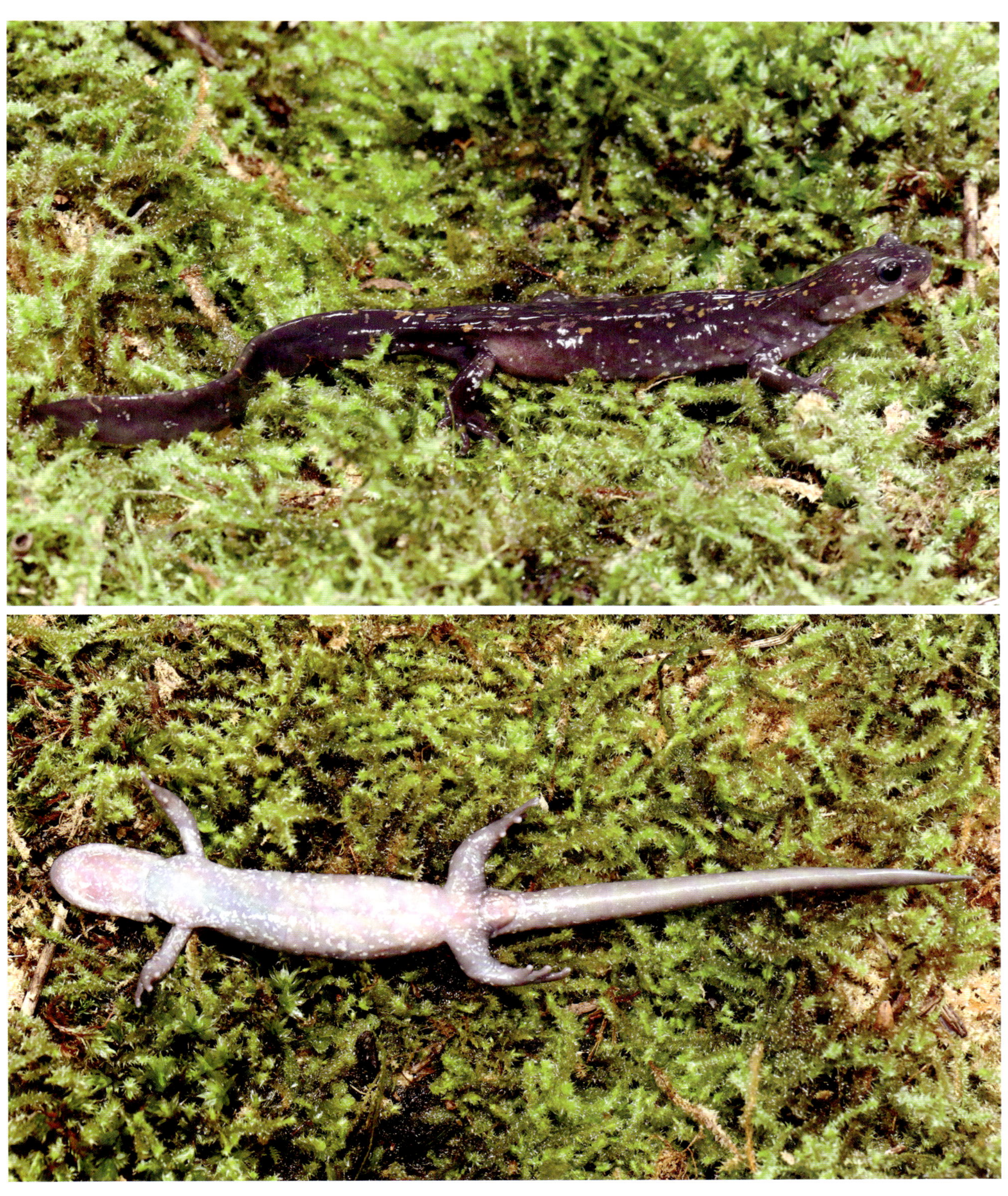

1/2 金佛拟小鲵（雄，道真）

小鲵科 Hynobiidae Cope, 1859 (1856)

拟小鲵属 *Pseudohynobius* Fe and Ye, 1983

3 宽阔水拟小鲵

Pseudohynobius kuankuoshuiensis Xu and Zeng, 2007

【英 文 名】

Kuankuoshui Salamander

【鉴别特征】

雄鲵全长162mm左右，雌鲵全长150—155mm；头长与头宽之比大于1.55；肋沟11条；前后贴体相向时，指、趾端仅相遇或略重叠；犁骨齿列短，每侧有齿12—17枚；体尾及四肢背面有近圆形的黄色斑块。

【生态资料】

生活于海拔1350—1830m的高山地区。成体非繁殖期远离水域，生活在植被繁茂、杂草丛生、地表枯枝落叶厚的阴凉潮湿的灌木、乔木林下或茶林丛内。繁殖期为4月下旬至5月上旬，产卵场为清澈透明的泉水塘，面积5m^{2}左右，水深50cm左右到100cm，塘中水草稀疏。塘周围为茶树丛和草丛。

【地理分布】

贵州特有种。贵州分布于绥阳、桐梓、习水。

【种群状态】

国家二级保护野生动物。种群数量少且分布狭窄。受胁等级为濒危（EN）。

宽阔水拟小鲵生境（绥阳）

1	
2	3
4	5
6	7

1 宽阔水拟小鲵（性别不详，绥阳）
2/3/4/5 宽阔水拟小鲵（亚成体，绥阳）
6/7 宽阔水拟小鲵（幼体，绥阳）

小鲵科 Hynobiidae Cope, 1859 (1856)

拟小鲵属 *Pseudohynobius* Fe and Ye, 1983

4 水城拟小鲵

Pseudohynobius shuichengensis Tian, Gu, Sun and Li, 1998

【英 文 名】

Shuicheng Salamander

【鉴别特征】

雄鲵全长178—210mm，雌鲵全长186—213mm；体侧肋沟12—13条；前后肢贴体相向时，掌、跖部前半重叠；犁骨每侧有齿8—14枚；尾长小于头体长；体尾及四肢背面紫褐色，无黄色斑块。

【生态资料】

生活在海拔1910—1970m的石灰岩山区，山上长有常绿灌木，杂草丛生，地表枯枝落叶层较厚，湿度极大，沟中流水清澈，终年不断。成鲵一般栖息于离水10—20m的林间枯叶层、草丛、土穴及石灰岩洞中，非繁殖期营陆栖生活，一般在21:00至24:00外出活动，以昆虫、螺类及其他小动物为食。繁殖期为5月上旬至6月下旬，此期成鲵集中于泉水土洞或岩洞内，产卵于洞中。

【地理分布】

贵州特有种。贵州分布于水城。

【种群状态】

国家二级保护野生动物。种群数量小。受胁等级为濒危（EN）。

水城拟小鲵（水城，雄）

1	2
3	4
5	6
	7
	8

1/2　水城拟小鲵（亚成体，水城）
3/4　水城拟小鲵（雄，水城）
5　水城拟小鲵生境（水城）
6/7/8　水城拟小鲵（幼体，水城）

隐鳃鲵科 Cryptobranchidae Fitzinger, 1826

大鲵属 *Andrias* Tschudi, 1837

5 大鲵

Andrias davidianus (Blanchard, 1871)

【英 文 名】

Chinese Giant Salamander

【鉴别特征】

体大，成体全长约1m；头大而宽扁，躯干扁平，尾短而侧扁；眼小，无眼睑；头部背、腹面均有成对疣粒，体侧有纵行皮肤褶；活体时周身以棕褐色或棕红色为主，体背常有不规则的深褐色斑纹。

【生态资料】

生活于海拔800—1500m山区中林木荫蔽处，以及水流较急而清凉的阴河、岩洞和深水潭中。主要以蟹、蛙、鱼、虾以及水生昆虫，及其幼虫等为食。繁殖季节在7—9月，一般产卵300—1500粒，卵多以单粒排列呈念珠状。

【地理分布】

中国特有种。贵州分布于江口、松桃、印江、金沙、雷山、贵定、贵阳、桐梓、正安、务川、凤冈、湄潭、余庆、德江、黄平、凯里、施秉、镇远、岑巩、榕江、锦平、玉屏、水城、沿河、石阡。国内其他分布区有河北、河南、山西、陕西、甘肃、青海、四川、重庆、云南、广西、湖北、湖南、江西、江苏、上海、浙江、福建、广东。

【种群状态】

国家二级保护野生动物。野外种群数量极度稀少。受胁等级为极危（CR）。

大鲵（雄）

1 | 2
3

1/2　大鲵（雄）
3　大鲵生境（江口）

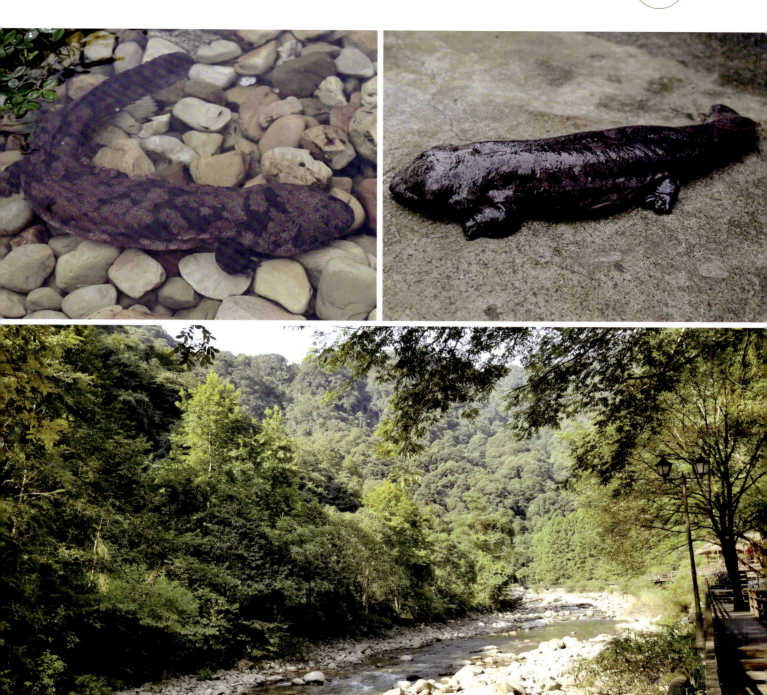

蝾螈科 Salamandridae Goldfuss, 1820

蝾螈属 *Cynops* Tschudi, 1838

6 蓝尾蝾螈

Cynops cyanurus Liu, Hu and Yang, 1962

【英 文 名】

Blue tailed Fire bellied Newt

【鉴别特征】

雄螈全长72—85mm，雌螈全长74—100mm；背脊有显著隆起，皮肤上痣粒较明显；外掌、跖突锥状；眼后角下方有1枚橘红色圆斑；雄螈尾部蓝色。

【生态资料】

生活于海拔1790m左右的水塘内。塘内长有水草，水深40cm左右，水塘周围植被稀疏。成螈在10月至翌年3月蛰伏冬眠，多见于水域附近潮湿的土洞或石穴内；主要在水中捕食水生昆虫、蚯蚓、水蚤等小动物。繁殖行为在水里进行，产卵于水草叶片间，雌螈多次产卵，每次一粒，产卵期平均124天，日产卵1—24粒，年产卵225粒左右，最多达668粒。卵外胶囊呈椭圆形，黏附在水草茎叶上，多被叶片卷盖。幼体当年完成变态，1.5—2年达性成熟。5月至6月是求偶现象最频繁的季节。

【地理分布】

中国特有种。贵州分布于水城。国内其他分布区有云南。

【种群状态】

种群数量少。受胁等级为近危（NT）。

蓝尾蝾螈（性别不详，水城）

1	3
2	
4	

1/2/3 蓝尾蝾螈（雌，水城）
4 蓝尾蝾螈生境（水城）

蝾螈科 Salamandridae Goldfuss, 1820

肥螈属 *Pachytriton* Boulenger, 1878

7 瑶山肥螈

Pachytriton inexpectatus Nishikawa, Jiang, Matsui and Mo, 2010

【英 文 名】

Yaoshan Stout Newt

【鉴别特征】

体形肥壮，雄螈全长128—197mm，雌螈全长144—207mm；皮肤光滑；四肢粗短，前后肢贴体相对时，指、趾端间距甚远，约相距3.5个肋沟；尾端宽圆；体背面呈棕褐色或黄褐色，无深色黑圆斑；腹面色浅，有橘黄色或橘红色大斑块，不规则或相对呈两纵列。

【生态资料】

多生活于海拔1100—1800m的水流较为平缓的山溪内。繁殖季节在4—7月。

【地理分布】

中国特有种。贵州分布于雷山、绥阳、三都、从江。国内其他分布区有广西、湖南、广东。

【种群状态】

贵州境内野外种群数量较多。受胁等级为易危（VU）。

瑶山肥螈（雌，从江）

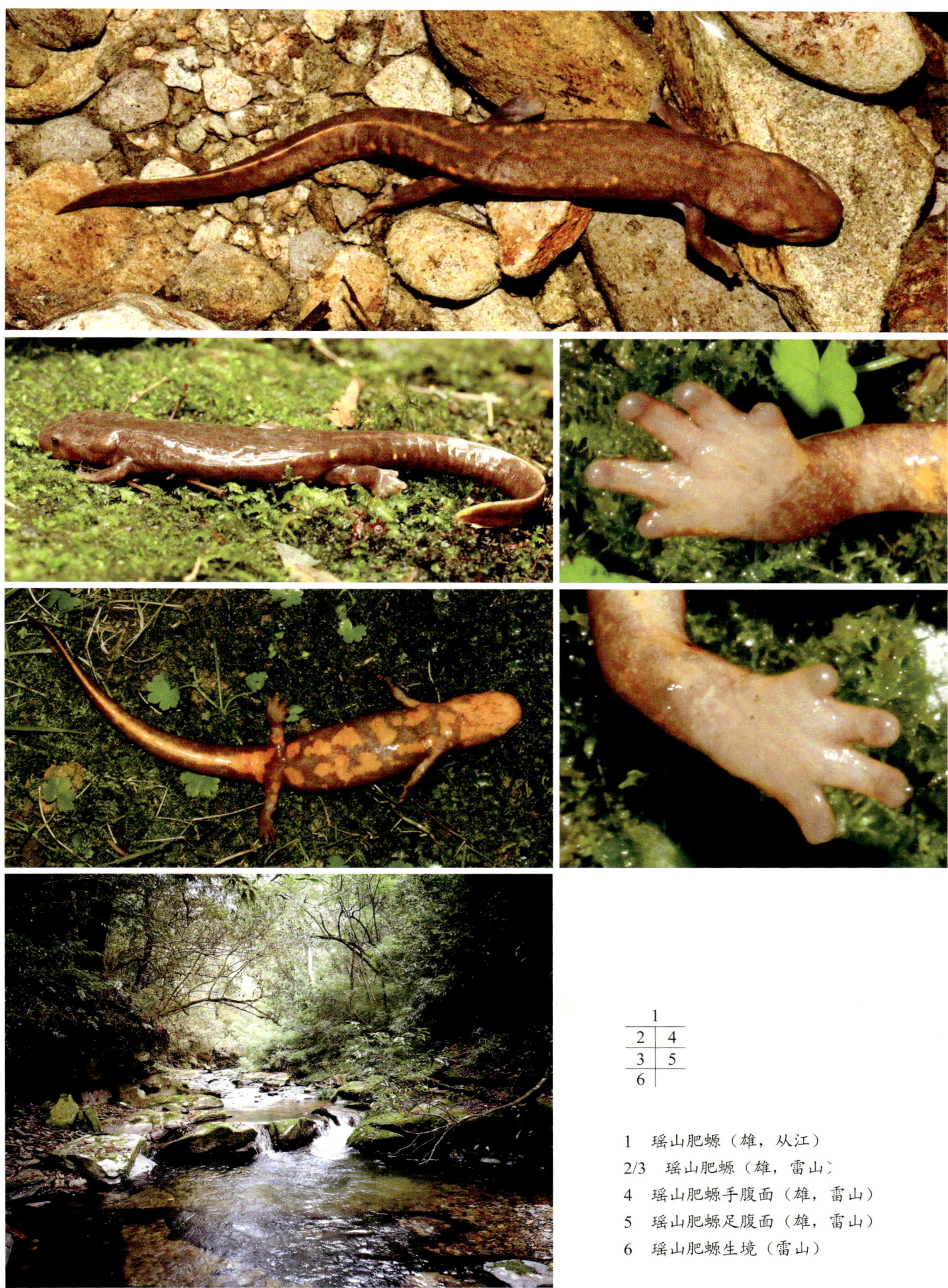

	1	
	2	4
	3	5
	6	

1 瑶山肥螈（雄，从江）
2/3 瑶山肥螈（雄，雷山）
4 瑶山肥螈手腹面（雄，雷山）
5 瑶山肥螈足腹面（雄，雷山）
6 瑶山肥螈生境（雷山）

蝾螈科 Salamandridae Goldfuss, 1820

疣螈属 *Tylototriton* Anderson, 1871

8 贵州疣螈

Tylototriton kweichowensis Fang and Chang, 1932

【英 文 名】

Red-tailed Knobby Newt / Crocodile Newt

【鉴别特征】

雄螈全长155—195mm，雌螈全长177—210mm；体侧有密集的瘰疣；体背面有3条纵行棕红色纹；背脊、头后侧及指、趾端为橘红色，液浸标本为土黄色。

【生态资料】

生活于海拔1400—2400m的长有杂草、灌丛和稀疏乔木的山区。成螈以陆栖为主，非繁殖季节生活于灌丛和稀疏乔木的山区，很难见到成体。4月下旬至7月上旬在水塘、土坑、水井和稻田内繁殖，5—6月为繁殖盛期。白天隐匿在阴湿的土洞、石穴、杂草丛中或苔藓层下，活动多见于晚上，取食昆虫、蛞蝓、小螺、蚌及蝌蚪等小动物。

【地理分布】

中国特有种。贵州分布于威宁、毕节、赫章、水城、金沙、大方、纳雍、织金、安龙。国内其他分布区有云南。

【种群状态】

国家二级保护野生动物。种群数量较多。受胁等级为易危（VU）。

贵州疣螈（雄，水城）

1	3
2	
4	7
5	
6	8

1/2 贵州疣螈（雄，金沙）
3 贵州疣螈生境（纳雍）
4/5/6 贵州疣螈（幼体，威宁）
7/8 贵州疣螈手腹面（雌，纳雍）

蝾螈科 Salamandridae Goldfuss, 1820

疣螈属 *Tylototriton* Anderson, 1871

9 茂兰疣螈

Tylototriton maolanensis Li, Wei, Cheng, Zhang and Wang, 2020

【英 文 名】

Maolan Knobby Newt

【鉴别特征】

雄性头体长76.8—85.2mm，雌性头体长76.3—87.4mm；头长大于头宽；吻端平直；雄鲵尾长大于头体长；指端、泄殖腔周围区域和尾部下缘皮肤橙色；趾式为III>IV>II >I>V；前后肢贴体相对时，四肢重叠较多；前肢前伸时，指尖超过吻端；背部瘰粒明显分开。

【生态资料】

栖息在海拔737m左右的山坡上或山脚下的水坑中。

【地理分布】

贵州特有种。贵州分布于雷山、荔波。

【种群状态】

种群数量较小且分布狭窄。建议受胁等级为濒危（EN）。

茂兰疣螈（雄，荔波）

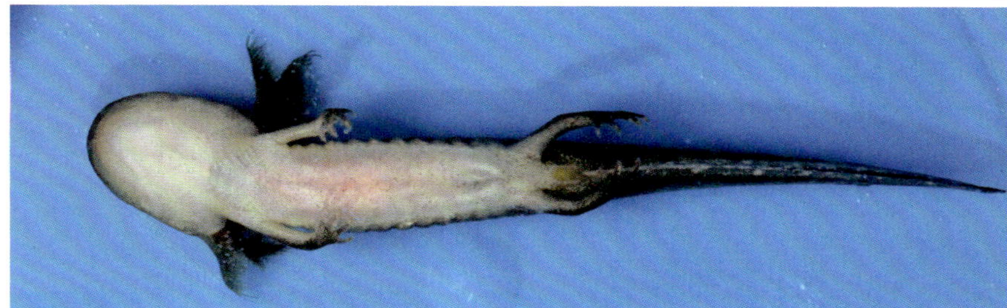
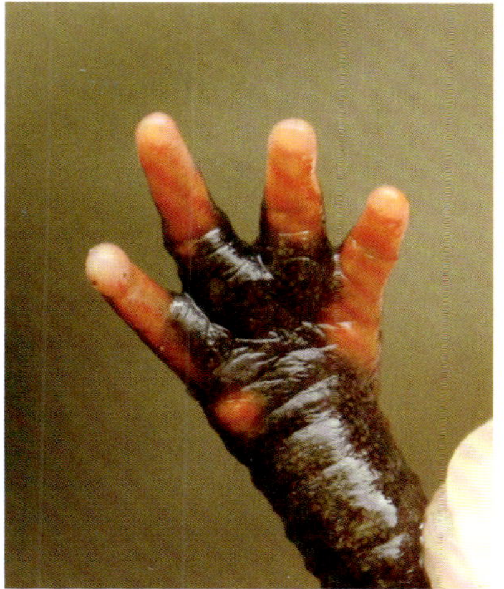

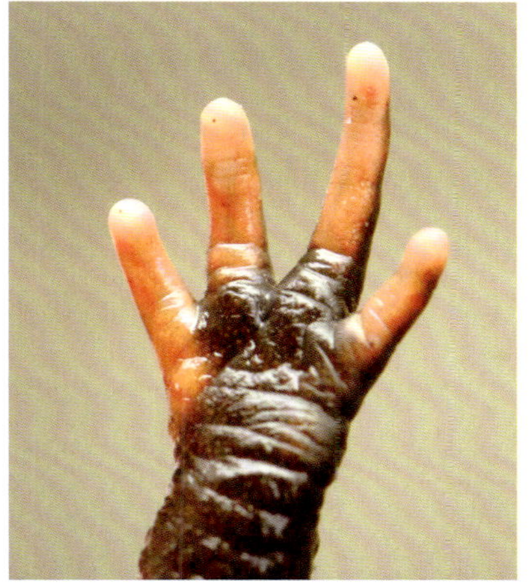
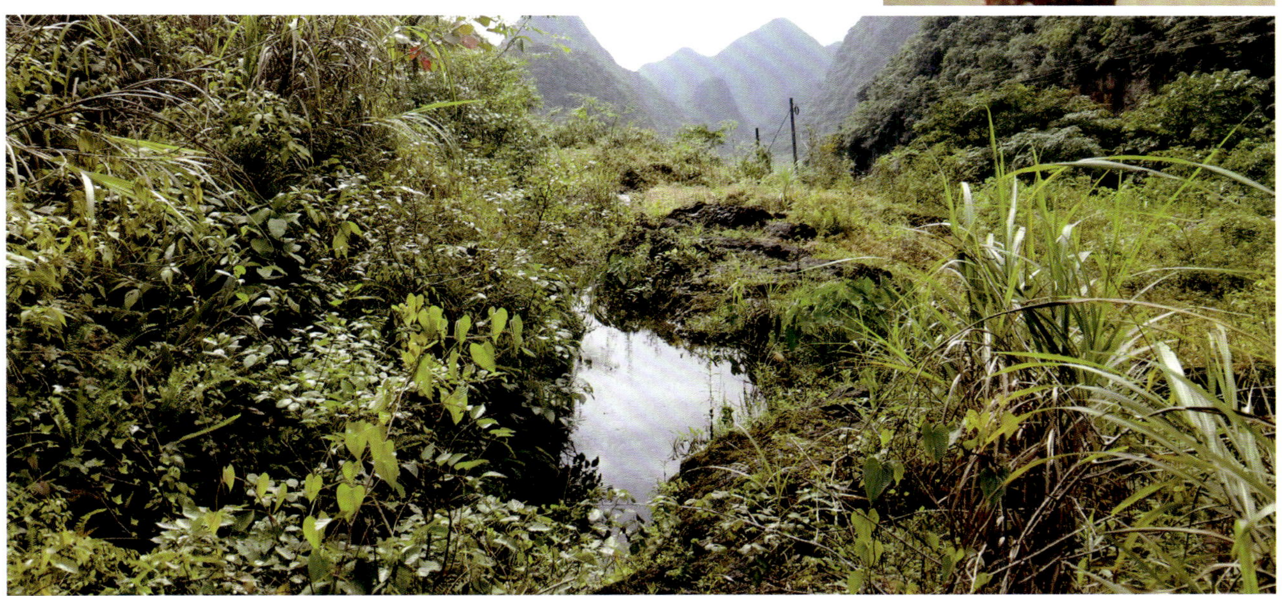

1	4
2	
3	5
6	

1/2/3　茂兰疣螈（幼体，荔波）
4　茂兰疣螈手腹面（雄，荔波）
5　茂兰疣螈足腹面（雄，荔波）
6　茂兰疣螈生境（荔波）

蝾螈科 Salamandridae Goldfuss, 1820

疣螈属 *Tylototriton* Anderson, 1871

10 桐梓疣螈

Tylototriton tongziensis Li, Liu, Shi, Wei and Wang, 2022

【英 文 名】

Tongzi Knobby Newt

【鉴别特征】

雄性头体长61.1—65.9mm，雌性头体长66.7—69.2mm；颈褶明显；尾长小于头体长；指端、泄殖腔周围区域和尾部下缘皮肤橙色；前后肢贴体相对时，四肢重叠较多；前肢前伸时，指尖超过吻端；背部瘰粒连续，无明显分界。

【生态资料】

栖息于海拔1500m左右的山顶水塘或水流缓慢的溪沟中，溪沟附近为常绿乔木。

【地理分布】

贵州特有种。贵州分布于桐梓。

【种群状态】

种群数量小且分布狭窄。建议受胁等级为濒危（EN）。

桐梓疣螈生境（桐梓）

1	
2	6
3	
4 | 5	

1/2/3 桐梓疣螈（雄，桐梓） 4 桐梓疣螈手腹面（雄，桐梓）
5 桐梓疣螈足腹面（雄，桐梓） 6 桐梓疣螈（幼体，桐梓）

蝾螈科 Salamandridae Goldfuss, 1820

疣螈属 *Tylototriton* Anderson, 1871

11 文县疣螈

Tylototriton wenxianensis Fei, Ye and Yang, 1984

【英 文 名】

Wenxian Knobby Newt

【鉴别特征】

雄螈全长126—133mm，雌螈全长105—140mm；体侧瘰粒几乎连成纵行，彼此分界不清；体腹面疣粒与背面疣粒大小较为一致，且不成横缢纹状；体背面无3条纵行棕红色纹；背脊、头后侧及指、趾端为橘红色；肛裂周缘的颜色与体色相同。

【生态资料】

该螈生活于海拔约940m的林木繁茂的山区。非繁殖季节在陆地林中生活。繁殖季节成螈到静水塘附近活动和繁殖。繁殖季节为5月。

【地理分布】

中国特有种。贵州分布于遵义、绥阳、大方等地。国内其他分布区有甘肃、四川、重庆。

【种群状态】

国家二级保护野生动物。种群数量较小。受胁等级为易危（VU）。

文县疣螈（雄，绥阳）

1	2
3	4
5	

1/5 文县疣螈（雄，绥阳）

2 文县疣螈手腹面（雄，绥阳）

3 文县疣螈生境（绥阳）

4 文县疣螈足腹面（雄，绥阳）

蝾螈科 Salamandridae Goldfuss, 1820

瘰螈属 *Paramesotriton* Chang, 1935

12 尾斑瘰螈

Paramesotriton caudopunctatus Liu and Hu, 1973

【英 文 名】

Spot-tailed Warty Newt

【鉴别特征】

体形适中，雄螈全长122—146mm，雌螈全长131—154mm；全身布满小疣粒，背中央及两侧有3条纵行密集瘰疣；背脊隆起较高；吻长明显大于眼径；指、趾宽扁，两侧均有缘膜；体背有3条土黄色纵纹；雄螈尾两侧有镶黑边的紫红色圆斑或长条形斑。

【生态资料】

生活在海拔800—1800m的低山阔叶林小型流溪水流平缓的洄水塘或溪边净水域中，白天常隐伏在溪底，有时摆动尾部游泳至水面呼吸空气。游动时四肢贴体，以尾摆动而缓慢前进。

【地理分布】

中国特有种。贵州分布于雷山、台江。国内其他分布区有重庆、广西和湖南。

【种群状态】

国家二级保护野生动物。野外种群数量较少。受胁等级为易危（VU）。

尾斑瘰螈（雌，雷山）

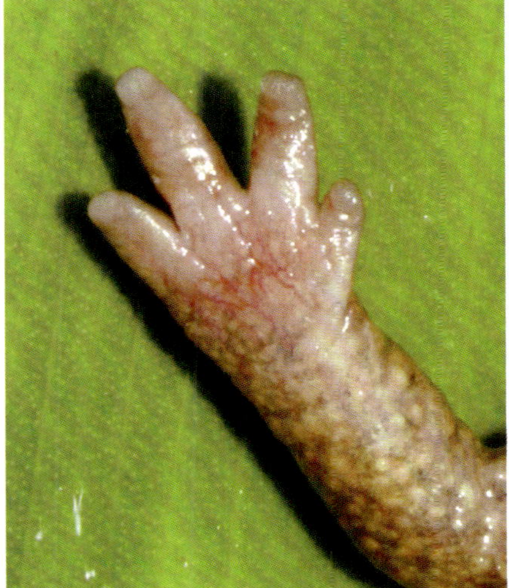

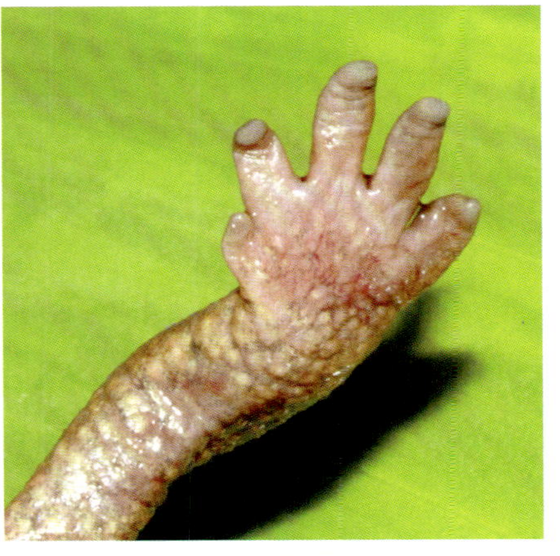

1	
2	3
4	5

1 尾斑瘰螈（亚成体，雷山）
2 尾斑瘰螈（雄，雷山）
3 尾斑瘰螈手腹面（雄，雷山）
4 尾斑瘰螈生境（雷山）
5 尾斑瘰螈足腹面（雄，雷山）

蝾螈科 Salamandridae Goldfuss, 1820

瘰螈属 *Paramesotriton* Chang, 1935

13 龙里瘰螈

Paramesotriton longliensis Li, Tian, Gu and Xiong, 2008

【英 文 名】

Longli Warty Newt

【鉴别特征】

体形中等，雄螈全长102—131mm，雌螈全长105—140mm；成体头部后端两侧鳃迹部位各有1个明显突起；体背脊棱强烈隆起；指、趾两侧无缘膜，指、趾末端有黑色角质鞘；肛后尾的腹鳍褶橘红色，约在1/2处此颜色消失；雄螈尾后段浅紫红色无斑纹。

【生态资料】

生活在海拔1100—1200m的水流平缓的大水塘或有地下水流出的水塘中。水质清澈，水底多为石块、泥沙和水草。白天常隐伏在溪底石下、腐叶堆或溪边草丛中，很少活动，有时在水中以摆动尾部游泳至水面呼吸空气；游动时四肢贴体，以尾摆动而缓慢前进；常在夜间外出活动觅食。觅食时常静伏于水底，当水生昆虫及其他小动物经过嘴边时，即迅速张口咬住而后慢慢吞下。主食蚯蚓、蝌蚪、虾、小鱼和螺类等动物。繁殖季为4月至6月中旬。

【地理分布】

中国特有种。贵州分布于龙里、贵阳、遵义、桐梓。国内其他分布区有重庆、湖北、云南。

【种群状态】

国家二级保护野生动物。种群数量较少。受胁等级为濒危（EN）。

龙里瘰螈（雄，贵阳）

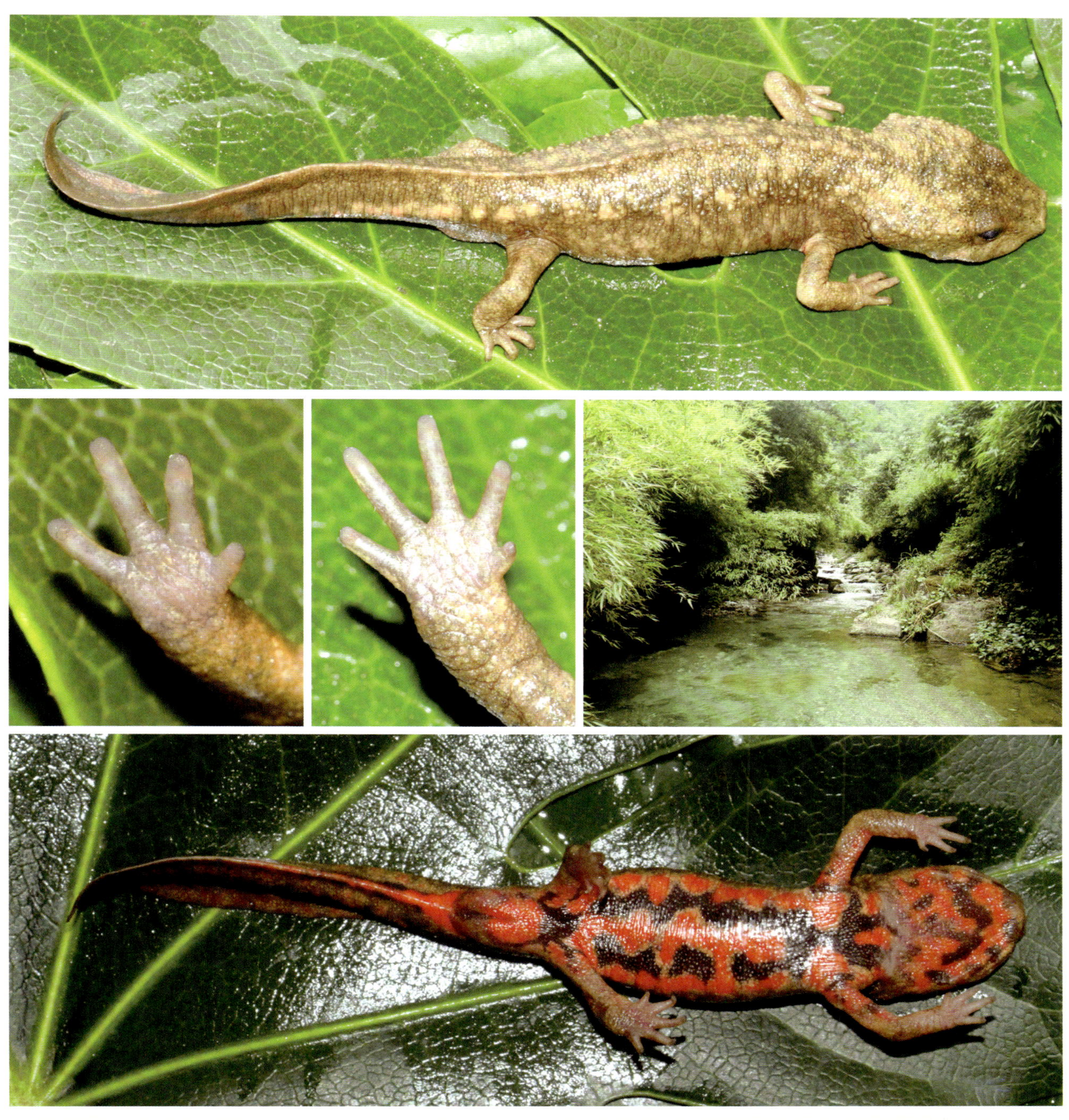

	1	
2	3	4
	5	

1/5 龙里瘰螈（雄，贵阳）
2 龙里瘰螈手腹面（雄，贵阳）
3 龙里瘰螈足腹面（雄，贵阳）
4 龙里瘰螈生境（桐梓）

1/2 龙里瘰螈（雌，贵阳）

3 龙里瘰螈（雄，贵阳）

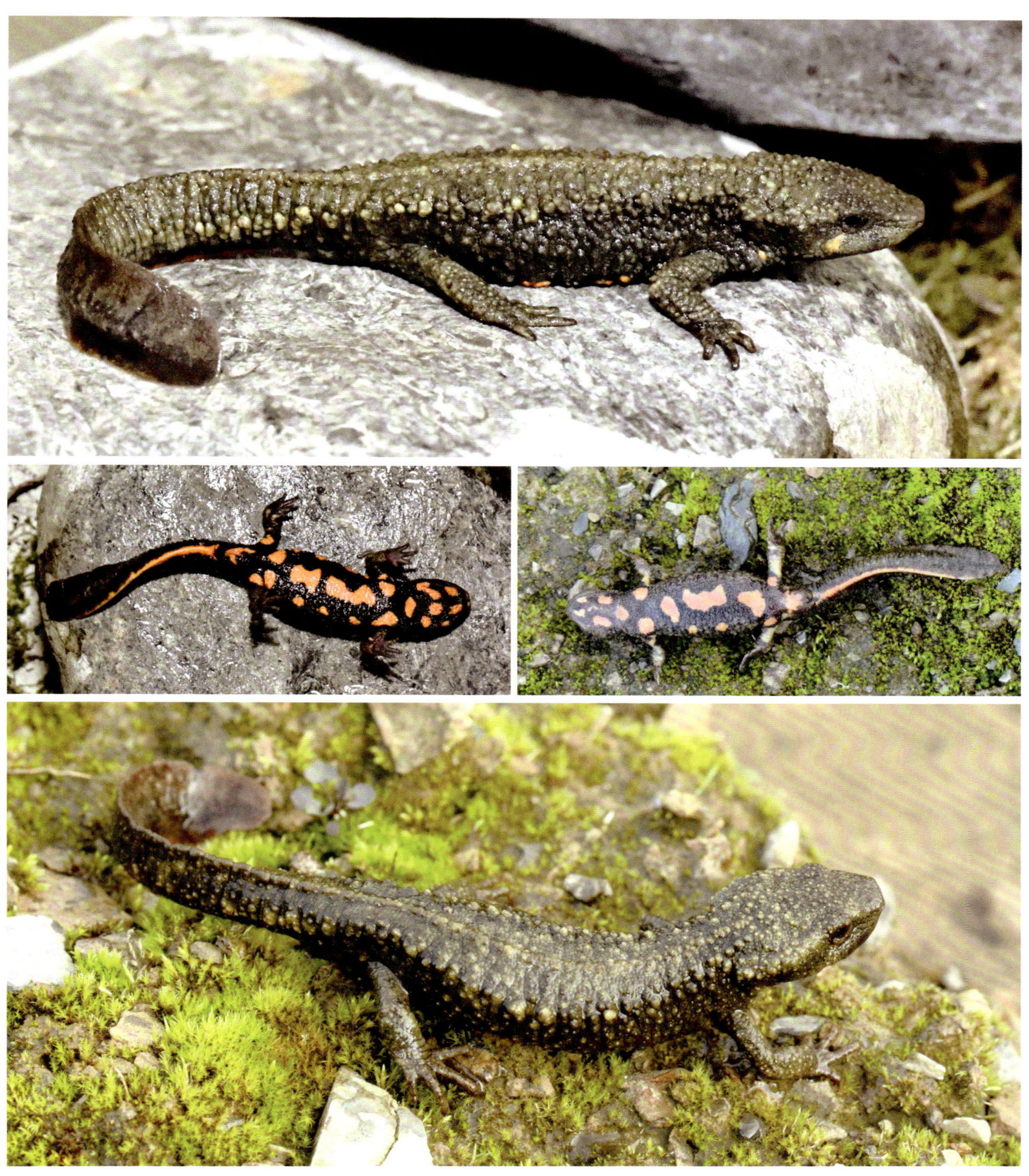

	1	
2		3
	4	

1/2 龙里瘰螈（雄，桐梓）
3/4 龙里瘰螈（雌，桐梓）

蝾螈科 Salamandridae Goldfuss, 1820

瘰螈属 *Paramesotriton* Chang, 1935

14 茂兰瘰螈

Paramesotriton maolanensis Gu, Chen, Tian, Li and Ran, 2012

【英 文 名】

Maolan Warty Newt

【鉴别特征】

体形较大，雄螈全长177.4—192.0mm，雌螈全长197.4—207.8mm；头后侧角状突起大；眼睛退化，上眼睑和下眼睑闭合；背脊棱强烈隆起；后枕骨到尾端的背鳍褶为黄色，在背中部的肤褶较为发达；体背两侧的横沟不显；指、趾侧无缘膜；指、趾末端具角质膜，无黑色角质鞘；舌骨体短，第二角鳃骨为硬骨，而非软骨，上鳃骨分离，不相连；皮肤较为光滑，头和身体无颗粒状疣。

【生态资料】

该螈生活在水流平缓的大水塘或有地下水流出的水塘中，水塘周围植被茂盛，水质清澈。平时通常会栖息在水塘底部，较难寻找，有洪水时会跳出水面。

【地理分布】

贵州特有种。贵州分布于荔波。

【种群状态】

国家二级保护野生动物。种群数量极少。建议受胁等级为极危（CR）。

茂兰瘰螈（性别不详，荔波）

茂兰瘰螈生境（荔波）

蝾螈科 Salamandridae Goldfuss, 1820

瘰螈属 *Paramesotriton* Chang, 1935

15 武陵瘰螈

Paramesotriton wulingensis Wang, Tian and Gu, 2013

【英 文 名】

Wuling Warty Newt

【鉴别特征】

体形中等，雄螈全长124—139mm，雌螈全长113—137mm；指、趾两侧均有缘膜；雄螈尾部后端两侧有镶黑边的紫红色圆斑或长条形斑；体色较深，呈黑褐色；体背面疣粒较粗大；背脊隆起较低；鼻突中间骨缝较深；前额骨与鼻骨相连的骨缝线呈波浪形；额鳞弧鳞骨直立前伸，且背面观前粗后细；翼骨前肢较长达到上颌骨后缘。

【生态资料】

生活在海拔800—1200m的低山阔叶林小型流溪水流平缓的洄水塘或溪边净水域中。白天常隐伏在溪底，有时摆动尾部游泳至水面呼吸空气。该瘰螈游动时四肢贴体，以尾摆动而缓慢前进。通常在夜间活动觅食，觅食时多静伏于水底，当水生昆虫及其他小动物经过嘴边时，即迅速张口咬住而后慢慢吞下。

【地理分布】

中国特有种。贵州分布于江口。国内其他分布区有重庆。

【种群状态】

国家二级保护野生动物。种群数量较少。受胁等级为近危（NT）。

武陵瘰螈（雄，江口）

1
2
3 | 4

1/2/3　武陵瘰螈（雄，江口）
4　武陵瘰螈生境（江口）

蝾螈科 Salamandridae Goldfuss, 1820

瘰螈属 *Paramesotriton* Chang, 1935

16 织金瘰螈

Paramesotriton zhijinensis Li, Tian and Gu, 2008

【英 文 名】

Zhijin Warty Newt

【鉴别特征】

雄螈全长103.0—126.9mm，雌螈全长102.2—125.4mm；成体头部后端两侧各有3条退化的鳃迹，呈童体型；指趾两侧无缘膜；体背脊两侧各有1条土黄色纵纹；肛后尾腹鳍褶橘红色或橘黄色，约在后3/4处此颜色消失。

【生态资料】

该螈生活在海拔1300—1400m水流平缓的山溪或有地下水流出的水塘中，水质清澈，水底多为石块、泥沙和水草。主食蚯蚓、蝌蚪、虾、小鱼和螺类等动物。繁殖季节为4月至6月中旬。

【地理分布】

贵州特有种。贵州分布于织金。

【种群状态】

国家二级保护野生动物。种群数量较少。受胁等级为濒危（EN）。

织金瘰螈（雄，织金）

1	3
2	4
5	

1　织金瘰螈腹面
2　织金瘰螈（雌，织金）
3　织金瘰螈手腹面（雄，织金）
4　织金瘰螈足腹面（雄，织金）
5　织金瘰螈生境（织金）

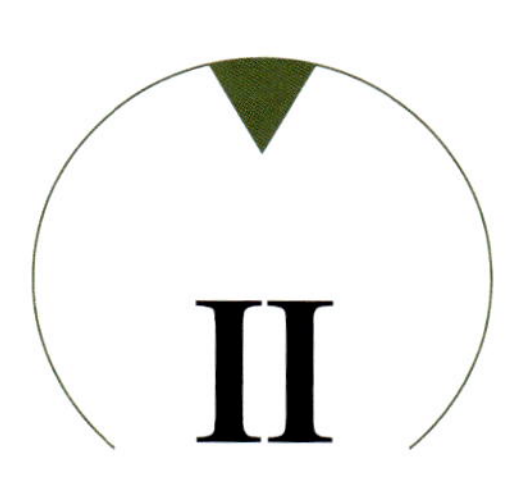

无尾目

ANURA Fischer von waldheim, 1813

铃蟾科 Bombinatoridae Gray, 1825

铃蟾属 *Bombina* Oken, 1816

17 大蹼铃蟾

Bombina maxima Boulenger, 1905

【英 文 名】

Large-webbed Bell Toad

【鉴别特征】

雄蟾体长47—51mm，雌蟾体长44—49mm；前肢粗壮，较短；后肢粗短，贴体前伸时，胫跗关节达眼后；整个背面满布粗大瘰粒；腹面橘红色及黑褐色大斑相同；雄蟾胸部左、右各有1团扁平疣，其上有许多棕黑刺，趾间满蹼。

【生态资料】

生活于海拔2000—3600m的山区。成蟾常栖于静水塘、沼泽地和小山溪缓流处石块下、井、泉、路旁小沟内。蝌蚪在静水塘内生活。行动笨拙，不善跳跃，多爬行，在水塘内仅露出鼻孔和眼睛；在陆地上受惊扰时，将四肢掌、跖部向上翻转，显露出橘红色，以示警戒。繁殖季节为5—6月。

【地理分布】中国特有种。贵州分布于水城。国内其他分布区有四川、云南。

【种群状态】

种群数量较大。受胁等级为无危（LC）。

大蹼铃蟾（雄）

大蹼铃蟾（雄）

角蟾科 Megophryidae Bonaparte, 1850

拟髭蟾属 *Leptobrachium* Tschudi, 1838

18 峨眉髭蟾

Leptobrachium boringii Liu, 1945

【英 文 名】

Emei Moustache Toad

【鉴别特征】

雄蟾体长70—89mm，雌蟾体长59—76mm；雄蟾上唇缘每侧各有8—12枚角质刺，雌蟾在相应部位有数目相同的米色小点。

【生态资料】

生活于海拔1200m左右的山坡草丛中，不善跳跃，爬行缓慢。繁殖季节为2月下旬至3月中旬，能发出低沉的“咕—咕—咕”鸣声。

【地理分布】

中国特有种。贵州分布于江口、沿河、石阡、绥阳、仁怀。国内其他分布区有四川、广西、湖南。

【种群状态】

国家二级保护野生动物。野外种群数量稀少。受胁等级为濒危（EN）。

峨眉髭蟾（雄，石阡）

1	2
3	5
4	
6	7

1　峨眉髭蟾（亚成体，江口）
2　峨眉髭蟾（雄，江口）
3　峨眉髭蟾（亚成体，仁怀）
4/6　峨眉髭蟾（卵，石阡）
5　峨眉髭蟾生境（江口）
7　峨眉髭蟾（蝌蚪，仁怀）

角蟾科 Megophryidae Bonaparte, 1850

拟髭蟾属 *Leptobrachium* Tschudi, 1838

19 雷山髭蟾

Leptobrachium leishanensis Liu and Hu, 1973

【英 文 名】

Leishan Moustache Toad

【鉴别特征】

体形粗壮，雄蟾体长69—96mm，雌蟾体长70mm左右；雄蟾上唇缘每侧有2枚角质刺；无声囊。

【生态资料】

栖息于海拔700—1700m植被繁茂的山溪附近。成体营陆栖生活，一般以四肢进行缓慢爬行，一经发现，极易捕捉。非繁殖季节栖于林间潮湿环境内。繁殖季节前后，此蟾多栖息于山坡、田坎、石下或草堆下，有时钻入玉米地内，因此，当地群众称其为“干气蟆”，偶尔在夏季大雨前后出来活动，雄蟾能发出低沉的鸣声，即“咕—咕—咕”。11月进入繁殖季节，经常发现雄蟾在卵群附近。蝌蚪生活在山溪中的洄水荡内石块间，数量较多，整年均可见到不同发育阶段的蝌蚪。小蝌蚪一般多在山溪的水坑边缘，大蝌蚪则生活在较大山溪的深水坑内，白昼常隐于水底石缝内，不易发现，晚上则在水中游动，2—3年才能变成幼蛙。

【地理分布】

中国特有种。贵州分布于雷山。国内其他分布区有广西。

【种群状态】

国家二级保护野生动物。种群数量少。受胁等级为易危（VU）。

雷山髭蟾（雄，雷山）

1	2
3	4
5 6	7
8	

1/2 雷山髭蟾（雄，雷山） 3 雷山髭蟾（蝌蚪，雷山）
4/5 雷山髭蟾（亚成体，雷山） 6 雷山髭蟾（卵，雷山）
7 雷山髭蟾生境（雷山） 8 雷山髭蟾（蝌蚪，雷山）

角蟾科 Megophryidae Bonaparte, 1850

掌突蟾属 *Leptobrachella* Smith, 1925

20 岜沙掌突蟾

Leptobrachella bashaensis Lyu, Dai, Wei, He, Yuan, Shi, Zhou, Ran, Kuang, Guo, Wei and Yuan, 2020

【英 文 名】

Basha Metacapal-tubercled Toad

【鉴别特征】

体形小，雄性体长22.9—25.6mm，雌性体长27.1mm；后肢贴体前伸时，胫跗关节远超眼，达吻部；趾微蹼，趾侧缘膜显著但较窄；指式为II＜I＜IV＜III，趾式为I＜II＜V＜III＜IV；胸部乳白色，腹部灰白色具有不规则的黑色斑点；四肢腹面皮肤灰粉色至深褐紫色，有许多白色斑点；腹侧腺体形成1条明显的白线；趾下纵向的棱没有在关节处中断。

【生态资料】

生活于海拔900m左右小溪的大石块上、裂缝中、朽木下。繁殖季节在6—7月。

【地理分布】

贵州特有种。贵州分布于从江、丹寨、雷山。

【种群状态】

种群数量较多但分布狭窄。建议受胁等级为近危（NT）。

岜沙掌突蟾（雄，雷山）

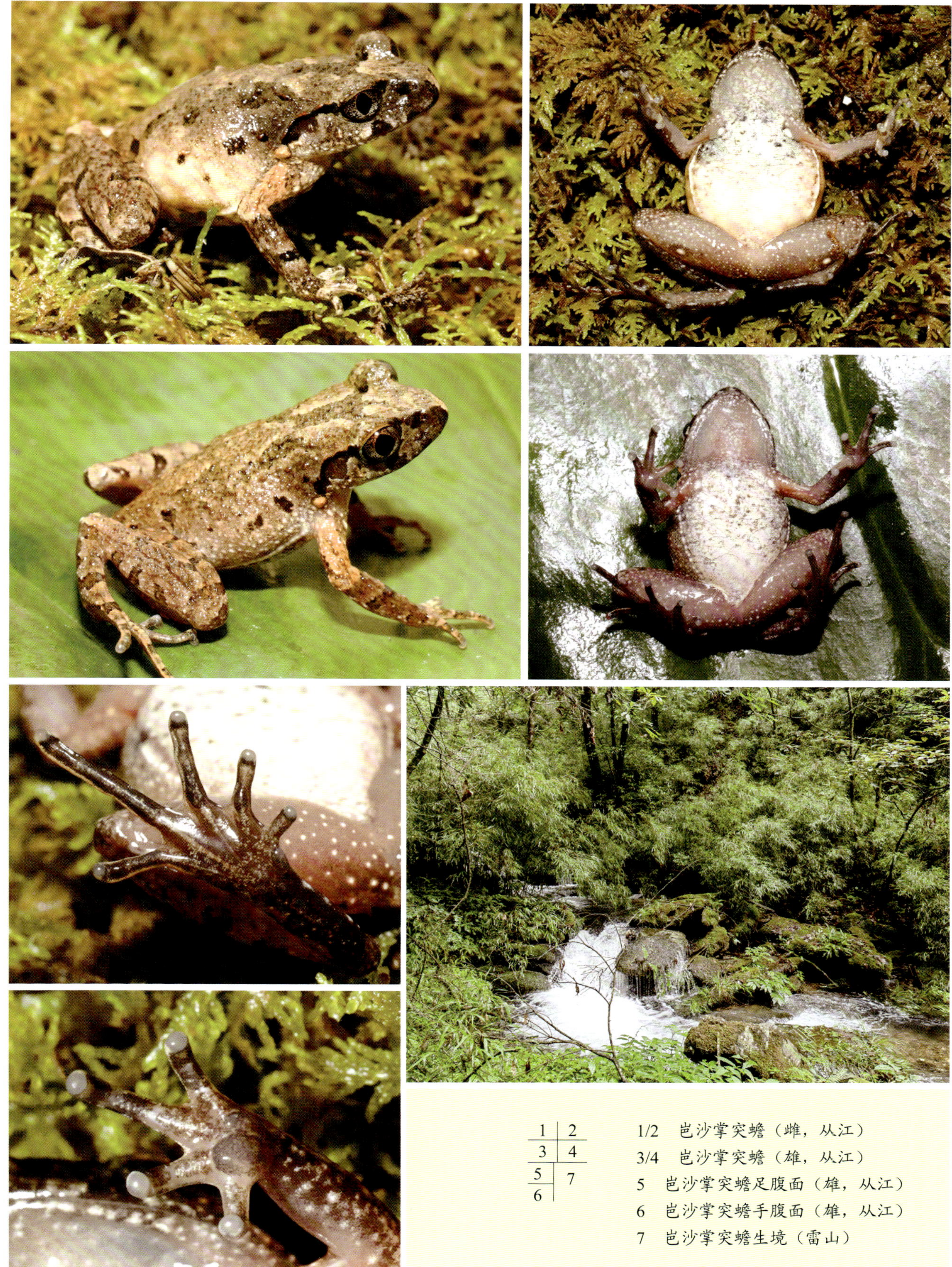

1	2
3	4
5	7
6	

1/2 岜沙掌突蟾（雌，从江）
3/4 岜沙掌突蟾（雄，从江）
5 岜沙掌突蟾足腹面（雄，从江）
6 岜沙掌突蟾手腹面（雄，从江）
7 岜沙掌突蟾生境（雷山）

角蟾科 Megophryidae Bonaparte, 1850

掌突蟾属 *Leptobrachella* Smith, 1925

21 毕节掌突蟾

Leptobrachella bijie Wang, Li, Li, Chen and Wang, 2019

【英 文 名】

Bijie Metacapal-tubercled Toad

【鉴别特征】

体形小，雄性体长29.0—30.4mm；背部皮肤粗糙，一些疣粒在皮肤上形成纵向的短棱；趾侧缘膜较窄，趾间微蹼；后肢前伸贴体时，胫跗关节达眼，左右跟部刚好相遇；指式为I=II=IV＜III，趾式为I＜II＜V=III＜IV，第五趾长等于第三趾长；背部表面粗糙且有痣粒，无较大的疣粒或瘰粒，一些痣粒形成了短的纵向皱褶；背部底色为灰褐色，有小的浅橙色痣粒，明显的深棕色标志散布有不规则的浅橙色色素颗粒；侧面有若干黑色的斑点，纵向排列成两列；腹面白色，胸部和腹外侧有明显的朦胧灰色斑点，无明显规则的深色斑块；指和趾的背侧有黑色的条带；繁殖期的雄性胸部有密集的小圆锥形的棘刺。

【生态资料】

分布于喀斯特地貌的清澈山间溪流（约2m宽，20—30cm深，海拔1670—1750m）。溪流周围海拔1700m以下时环绕有阔叶林，海拔1700m以上则环绕有针叶林。在2018年7月6日22时至23时，在植物叶片上发现大量雄性鸣叫，有一些则在溪流边的石头上或者石头下鸣叫。

【地理分布】

中国特有种。贵州分布于毕节。国内其他分布区有四川。

【种群状态】

种群数量较少。受胁等级为无危（LC）。

毕节掌突蟾（雄，毕节）

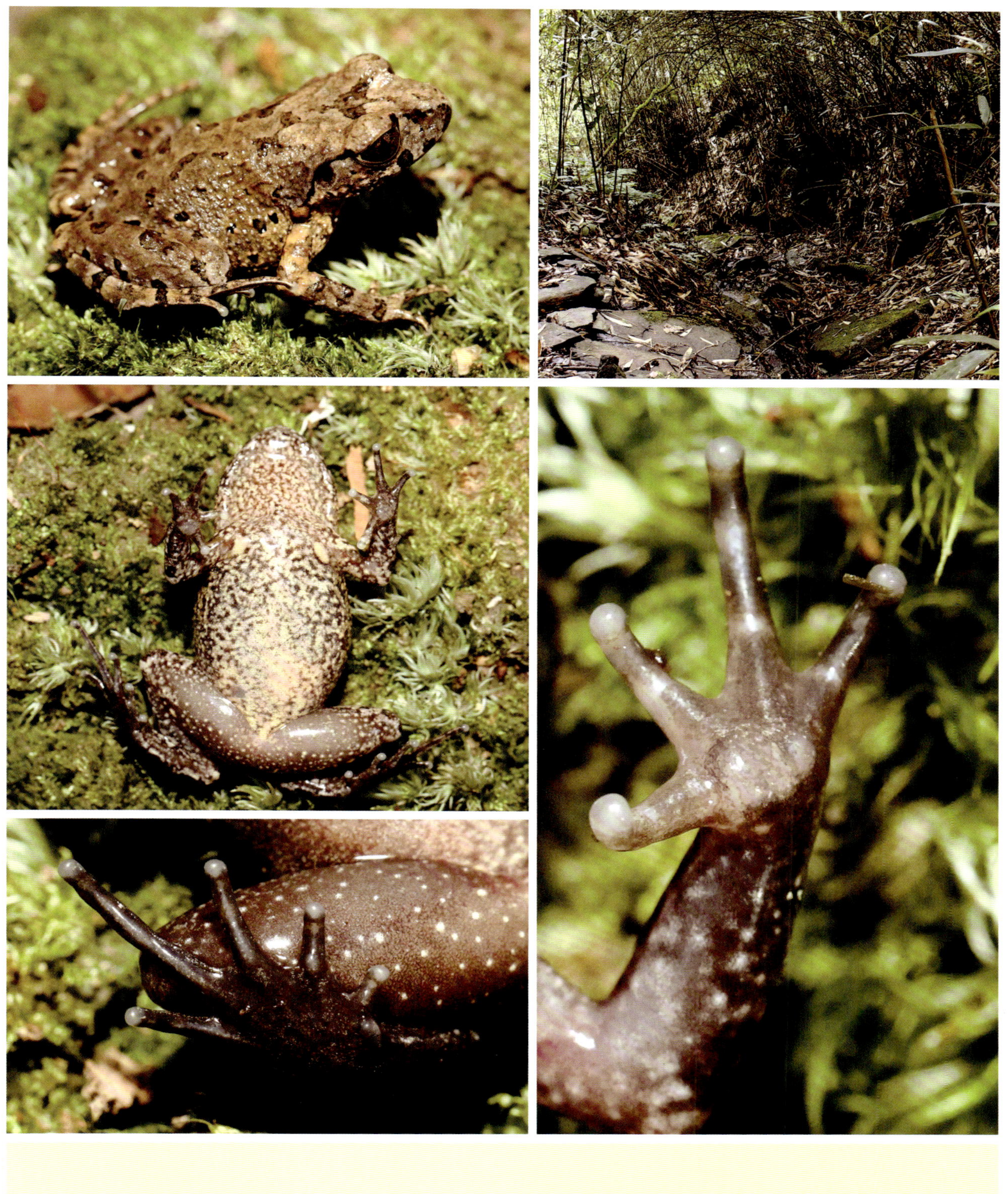

1	4
2	5
3	

1/2　毕节掌突蟾（雌，毕节）
3　毕节掌突蟾足腹面（雄，毕节）
4　毕节掌突蟾生境（毕节）
5　毕节掌突蟾手腹面（雄，毕节）

角蟾科 Megophryidae Bonaparte, 1850

掌突蟾属 *Leptobrachella* Smith, 1925

22 赤水掌突蟾

Leptobrachella chishuiensis Li, Liu, Wei and Wang, 2020

【英 文 名】

Chishui Metacapal-tubercled Toad

【鉴别特征】

体形小，雄性体长30.8—33.3mm，雌性体长34.2mm；无犁骨齿；上眼睑有小疣粒；吻前端有白色纵纹；鼓膜清楚可辨别，稍凹；鼻间距大于眼间距；内掌突隆起；指侧无缘膜；指基无蹼；指式为II＜IV＜I＜III，趾式为I＜II＜V＜III＜IV；趾侧缘膜较窄；趾间有蹼迹；后肢较短，前伸贴体时，胫跗关节达鼓膜，左右跟部重叠；背部皮肤粗糙，部分小疣粒形成纵向短肤棱；腋腺、股腺、胸腺和腹外侧腺体较大；背部棕褐色，有深橙色痣粒，咽喉灰紫色，腹部灰白色，腹侧有灰色斑点；胸部和腹部无明显规则的深色斑块；雄蟾有单咽下内声囊，无婚垫和婚刺。

【生态资料】

生活于溪流附近的竹林内，同域分布的物种有峨眉角蟾、绿臭蛙、峨眉树蛙和峨眉林蛙。

【地理分布】

贵州特有种。贵州分布于赤水、习水。

【种群状态】

种群数量较多但分布狭窄。建议受胁等级为近危（NT）。

赤水掌突蟾（雄，赤水）

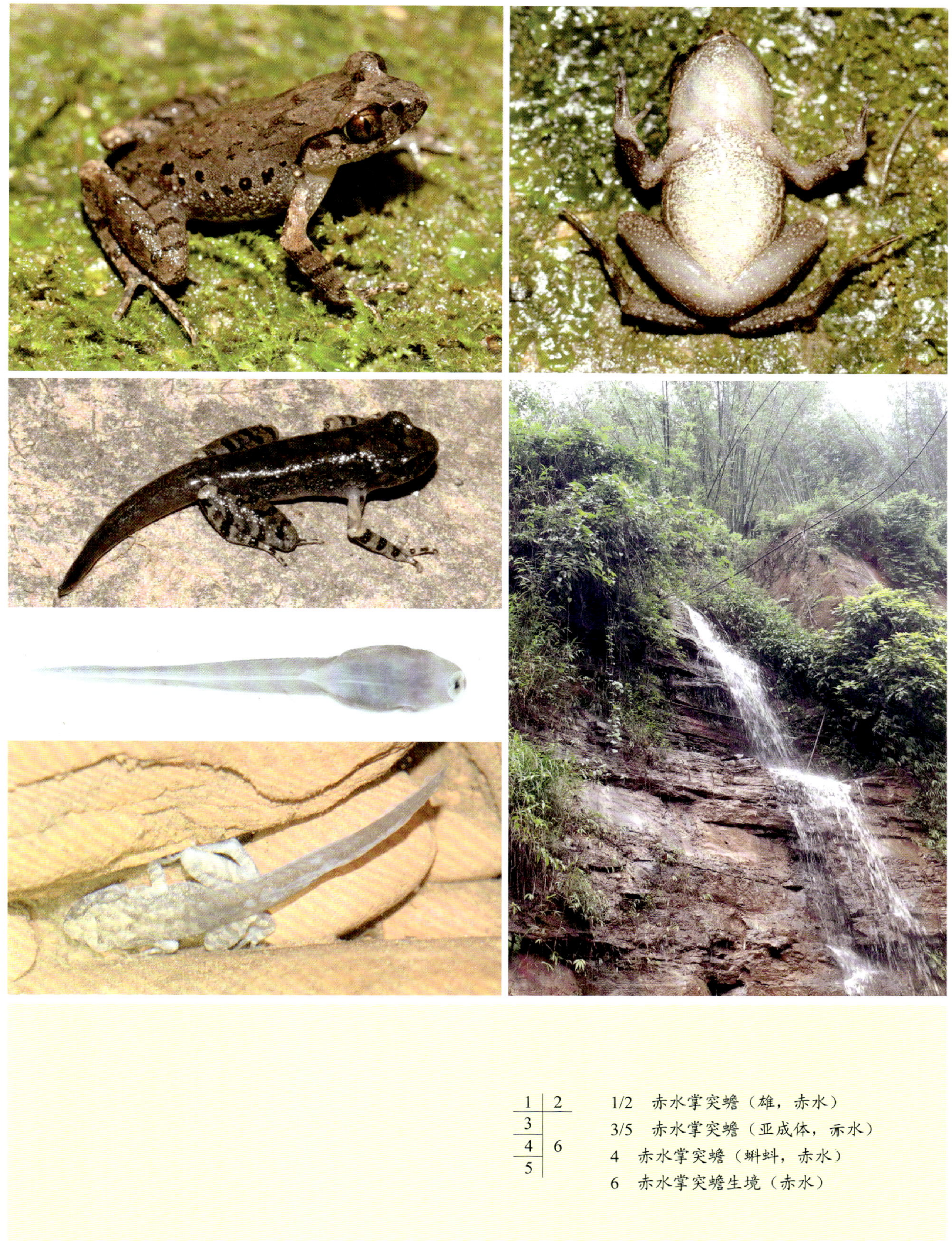

1	2
3	6
4	
5	

1/2　赤水掌突蟾（雄，赤水）

3/5　赤水掌突蟾（亚成体，赤水）

4　赤水掌突蟾（蝌蚪，赤水）

6　赤水掌突蟾生境（赤水）

角蟾科 Megophryidae Bonaparte, 1850

掌突蟾属 *Leptobrachella* Smith, 1925

23 侗掌突蟾

Leptobrachella dong Liu, Shi, Li, Zhang, Xiang, Wei and Wang, 2023

【英 文 名】

Dong Leaf Litter Toad

【鉴别特征】

体形中等，雄蟾头体长29.2—34.2 mm，雌蟾34.4—43.1mm；腹部两侧黑斑明显；有蹼迹，趾侧缘膜宽；腹部白色，两侧有棕色斑点；背部皮肤粗糙；左右根部重叠，后肢贴体前伸时，胫跗关节达眼中部。

【生态资料】

该蟾繁殖季节为2—3月，主要分布于海拔600—1200m的常绿阔叶林中的山间溪流附近，成体主要在夜间活动，蝌蚪全天活动于水流缓慢的洄水塘。

【地理分布】

中国特有种。贵州分布于从江、雷山。国内其他分布区有湖南。

【种群状态】

种群数量较少且分布狭窄。建议受胁等级为近危（NT）。

侗掌突蟾（雄，雷山）

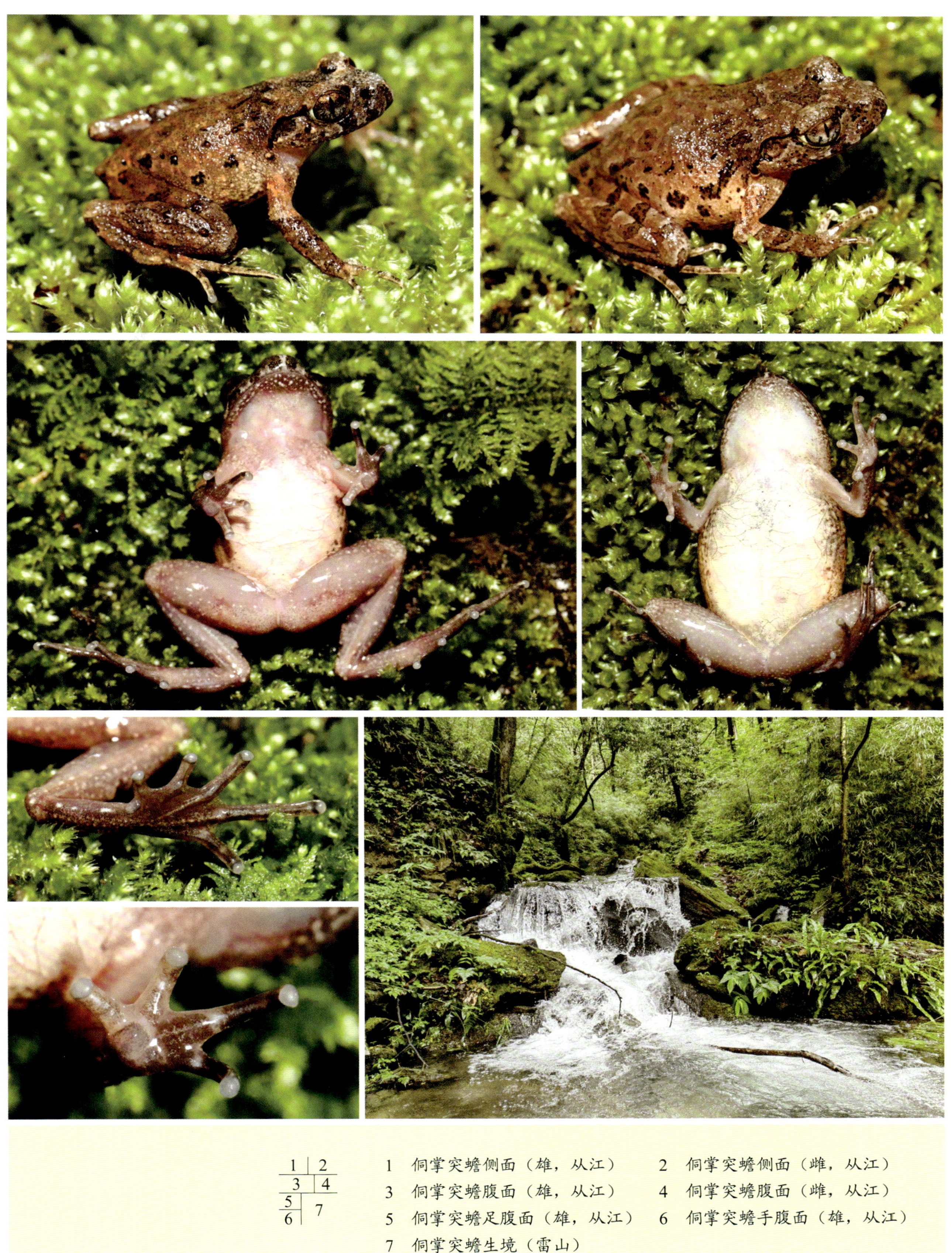

1	2
3	4
5	7
6	

1　侗掌突蟾侧面（雄，从江）　2　侗掌突蟾侧面（雌，从江）
3　侗掌突蟾腹面（雄，从江）　4　侗掌突蟾腹面（雌，从江）
5　侗掌突蟾足腹面（雄，从江）　6　侗掌突蟾手腹面（雄，从江）
7　侗掌突蟾生境（雷山）

角蟾科 Megophryidae Bonaparte, 1850

掌突蟾属 *Leptobrachella* Smith, 1925

24 水城掌突蟾

Leptobrachella dorsospina Wang, Lyu, Qi and Wang, 2020

【英 文 名】

Shuicheng Metacapal-tubercled Toad

【鉴别特征】

体形小，雄性体长28.7—30.5mm，雌性体长32.1—39.8mm；鼓膜明显，圆形，微凹陷；舌后端缺刻深；指缘膜缺失；指蹼无；趾侧缘膜较窄；趾间具蹼迹；后肢较长，前伸贴体时，胫跗关节达眼，左右跟部略微重叠；指式为II=IV＜I＜III，趾式为I＜II＜V＜III＜IV；背部灰棕色或深棕色，具深棕色条纹，散布不规则灰棕色斑纹以及黄棕色斑点，侧面具两行纵向深色大斑块；喉部、胸部及腹部灰白色；喉部具浅棕色斑点，胸部及腹部具明显的深色斑块；雄性声囊孔呈裂缝形，成对，无婚垫。

【生态资料】

栖息于山区常绿阔叶林小溪流旁的落叶。

【地理分布】

中国特有种。贵州分布于水城。国内其他分布区有云南。

【种群状态】

种群数量较少，且分布狭窄，建议受胁等级为易危（VU）。

水城掌突蟾（雄，水城）

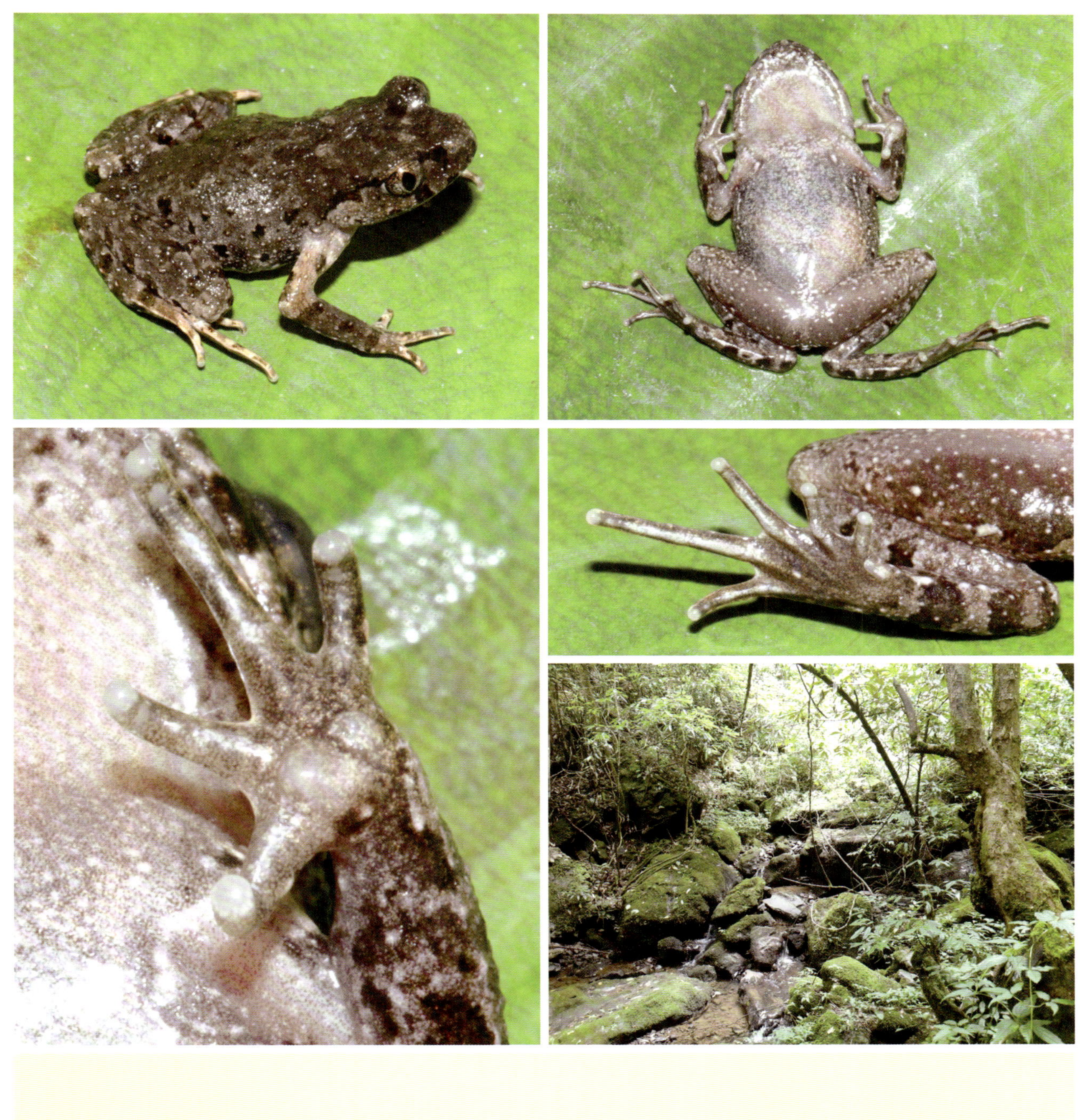

1	2
3	4
	5

1/2 水城掌突蟾（雄，水城）
3 水城掌突蟾手腹面（雄，水城）
4 水城掌突蟾足腹面（雄，水城）
5 水城掌突蟾生境（水城）

角蟾科 Megophryidae Bonaparte, 1850

掌突蟾属 *Leptobrachella* Smith, 1925

25 金沙掌突蟾

Leptobrachella jinshaensis Cheng, Shi, Li, Liu, Li and Wang, 2021

【英 文 名】

Jinsha Metacapal-tubercled Toad

【鉴别特征】

体形小，雄性体长 29.7—31.2mm；鼓膜明显；舌后有缺刻；无犁骨棱和犁骨齿；指无缘膜，指、趾间无蹼，趾侧缘膜较窄；贴体后肢前伸时，胫跗关节伸达眼端中部左右跟部重叠或者重叠，左右跟部重叠；胸部和腹部无明显规则的深色斑块；指式为I<II<=IV<III，趾式为I<II<V<III<IV；雄性有单咽下内声囊，无婚垫和婚刺。

【生态资料】

生活于河流中石块下或山间溪沟两侧石块下，河流周围芦苇较多，繁殖季节在2—5月。

【地理分布】

贵州特有种。贵州分布于金沙、大方。

【种群状态】

种群数量较多，但分布狭窄。建议受胁等级为近危（NT）。

金沙掌突蟾（雄，金沙）

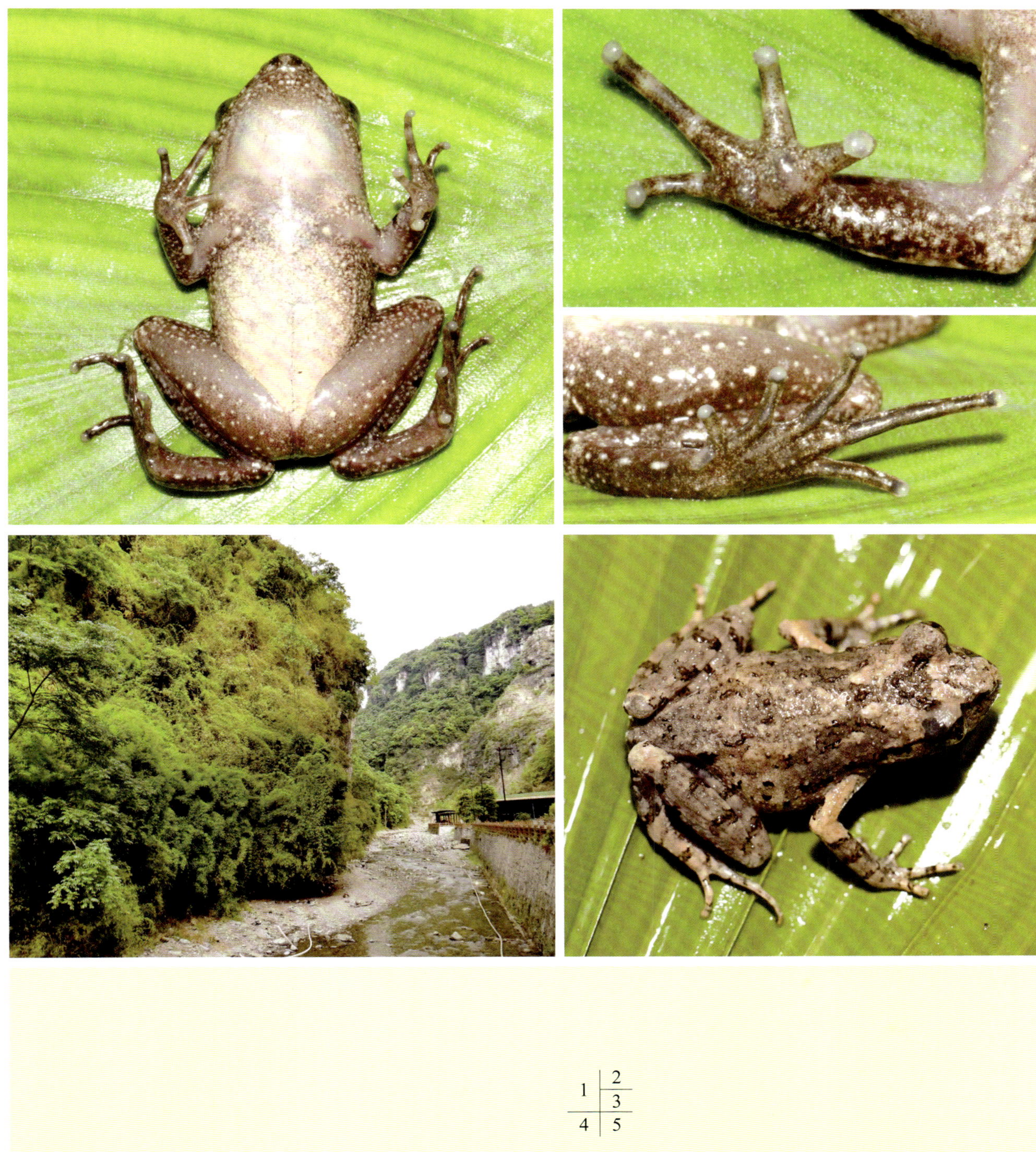

1	2
	3
4	5

1 金沙掌突蟾（雄，金沙）
2 金沙掌突蟾手腹面（雄，金沙）
3 金沙掌突蟾足腹面（雄，金沙）
4 金沙掌突蟾生境（金沙）
5 金沙掌突蟾（雌，大方）

角蟾科 Megophryidae Bonaparte, 1850

掌突蟾属 *Leptobrachella* Smith, 1925

26 紫腹掌突蟾

Leptobrachella purpuraventra Wang, Li, Li, Chen and Wang, 2019

【英 文 名】

Metacapal-tubercled Toad

【鉴别特征】

体形小，雄性体长27.3—29.8mm，雌性体长33.0—35.3mm；鼓膜圆形，明显，略凹陷；后肢较长，贴体前伸时，胫跗关节达眼，左右跟部相遇；内跖突大而椭圆，无外跖突；趾侧缘膜较窄；趾间具蹼迹；指式为I=II=IV<III，趾式为I<II<V<III<IV；胸部和腹部无明显规则的深色斑块；雄蟾具声囊；体腹面灰紫色。

【生态资料】

生活于海拔1600—1900m的喀斯特地貌中被阔叶林所包围的清澈的岩石溪流（宽约3m，深10—20cm）。繁殖季节为7月，在树叶或溪流旁的岩石上鸣叫。

【地理分布】

贵州特有种。贵州分布于毕节。

【种群状态】

种群数量较少且分布狭窄。建议受胁等级为近危（NT）。

紫腹掌突蟾（雄，毕节）

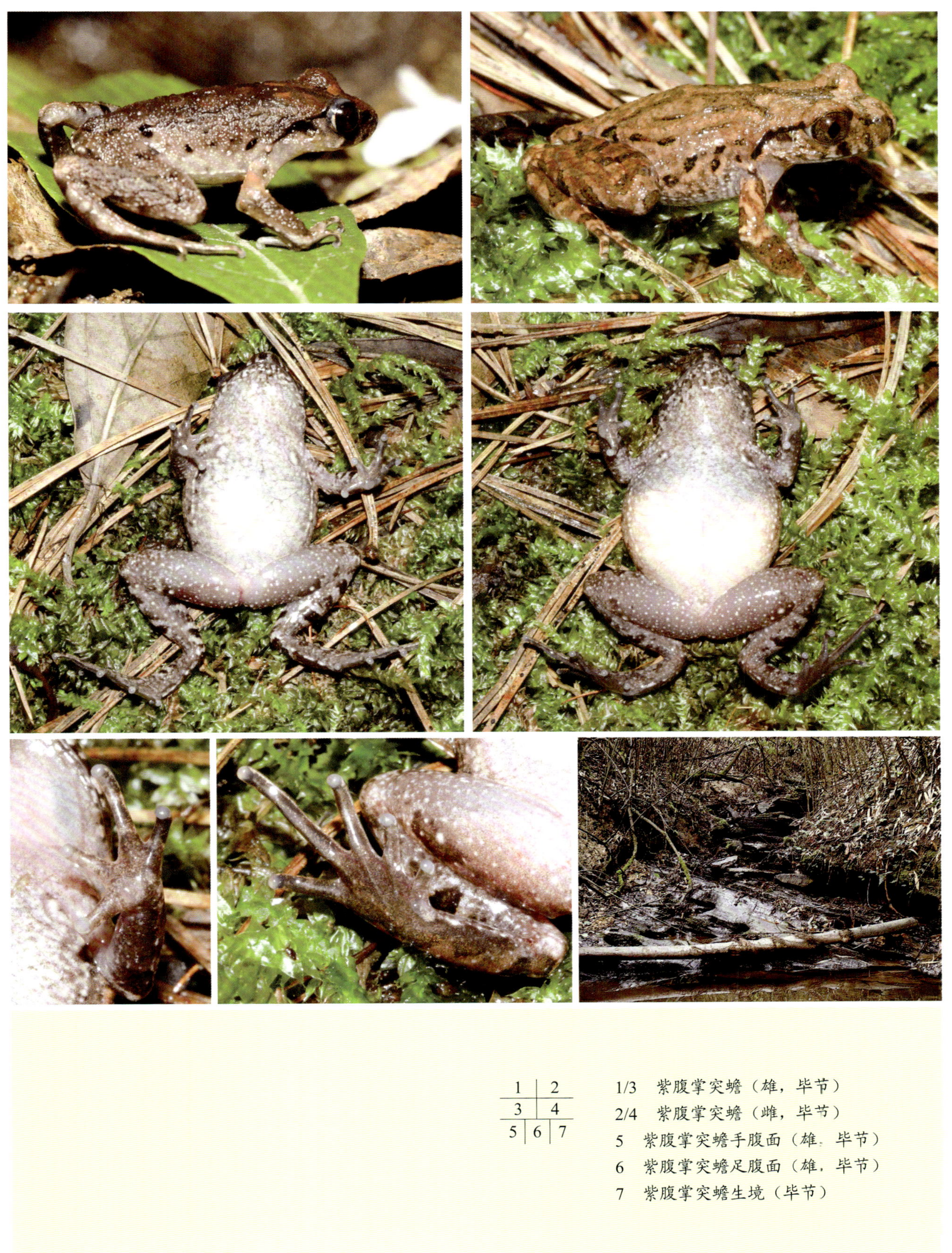

1	2
3	4
5	6	7

1/3 紫腹掌突蟾（雄，毕节）
2/4 紫腹掌突蟾（雌，毕节）
5 紫腹掌突蟾手腹面（雄，毕节）
6 紫腹掌突蟾足腹面（雄，毕节）
7 紫腹掌突蟾生境（毕节）

角蟾科 Megophryidae Bonaparte, 1850

掌突蟾属 *Leptobrachella* Smith, 1925

27 绥阳掌突蟾

Leptobrachella suiyangensis Luo, Xiao, Gao and Zhou, 2020

【英 文 名】

Suiyang Metacapal-tubercled Toad

【鉴别特征】

体形小，雄性体长28.7—29.7mm，雌性体长30.5—33.5mm；鼓膜明显，呈圆形，上缘略被颞褶掩盖；无犁骨齿；后肢较长，贴体前伸时，胫跗关节达眼，左右跟部相遇；内跖突大，呈椭圆形，无外跖突；趾侧缘膜较窄；趾间具蹼迹；指式为I＜II＜IV＜III，趾式为I＜II＜V＜III＜IV；雄蟾具声囊，无婚垫和婚刺；腋腺、股腺、胸腺和腹外侧腺体明显可见；胸部和腹部无明显规则的深色斑块。

【生态资料】

栖息于溪流中（宽约1.5m，深约10cm）和附近的竹林中。

【地理分布】

贵州特有种。贵州分布于绥阳、桐梓、遵义、仁怀。

【种群状态】

种群数量大且分布广泛。建议受胁等级为无危（LC）。

绥阳掌突蟾（雄，绥阳）

1	2
3	4
5	6
7 8	9

1 绥阳掌突蟾（雄，绥阳） 2 绥阳掌突蟾（雄，桐梓） 3 绥阳掌突蟾（雄，仁怀）
4 绥阳掌突蟾（雌，遵义） 5 绥阳掌突蟾（蝌蚪，绥阳） 6 绥阳掌突蟾（蝌蚪，遵义）
7 绥阳掌突蟾足腹面（雄，仁怀） 8 绥阳掌突蟾手腹面（雄，仁怀）
9 绥阳掌突蟾生境（遵义）

角蟾科 Megophryidae Bonaparte, 1850

掌突蟾属 *Leptobrachella* Smith, 1925

28 腹斑掌突蟾

Leptobrachella ventripunctata (Fei, Ye and Li, 1990)

【英 文 名】

Speckled-bellied Metacapal-tubercled Toad

【鉴别特征】

体形小，雄蟾体长26—28mm；无犁骨齿；后肢贴体前伸时，胫跗关节达鼓膜至眼后角，左右跟部不相遇或仅相遇；趾侧无缘膜；趾间几乎无蹼；股后腺距膝关节近，其间距约与吻长相等；胸腹部有深色斑；雄性有单咽下内声囊，有浅粉红色雄性线；蝌蚪尾部深色斑点甚明显。

【生态资料】

生活于海拔850—1000m的常绿阔叶林山区，林内还着生有竹类、芭蕉、灌丛及杂草，植被甚茂。成蟾在5月间栖于小溪两旁，白天隐匿在流溪两岸潮湿环境中；夜晚栖于溪旁灌丛或杂草枝叶上，发出极似蟋蟀的鸣声，每次由10—20个短声所组合。在电光下停叫，但不逃跑。蝌蚪一般生活于小溪水凼边碎石块间或腐叶下。繁殖季节为5月。

【地理分布】

贵州分布于安龙、望谟、册亨、紫云、惠水。国内其他分布区有云南。国外分布于越南。

【种群状态】

种群数量较多。建议受胁等级为无危（LC）。

腹斑掌突蟾生境（安龙）

1	2
3	4
5	6
	7
	8

1　腹斑掌突蟾（雄，安龙）
2　腹斑掌突蟾（雄，惠水）
3/4　腹斑掌突蟾（雄，册亨）
5　腹斑掌突蟾手腹面（雄，安龙）
6　腹斑掌突蟾足腹面（雄，安龙）
7/8　腹斑掌突蟾（蝌蚪，安龙）

角蟾科 Megophryidae Bonaparte, 1850

掌突蟾属 *Leptobrachella* Smith, 1925

29 武陵掌突蟾

Leptobrachella wulingensis Qian, Xia, Cao, Xiao and Yang, 2020

【英 文 名】

Wuling Metacapal-tubercled Toad

【鉴别特征】

体形中等，雄性体长24.5—32.8mm，雌性体长29.9—38.5mm；无犁骨齿；后肢较长，贴体前伸时，胫跗关节达眼，左右跟部相遇；内掌突大，椭圆形；外掌突略小，与内掌突相连；内跖突大，椭圆形，无外跖突；趾间微蹼，趾侧缘膜窄；指式为I＜II=IV＜III，趾式为I＜II＜V＜III＜IV；胸部和腹部无明显规则的深色斑块；腋上腺和股腺小；胸腺不明显。

【生态资料】

栖息在亚热带森林溪流附近地面、石块或灌丛上。繁殖季节为9月初（采集的雌性标本腹腔内有成熟的卵）。

【地理分布】

中国特有种。贵州分布于贵阳、雷山、江口、石阡、麻江、龙里、都匀。国内其他分布区有湖南。

【种群状态】

种群数量较多且分布广泛。建议受胁等级为无危（LC）。

武陵掌突蟾（雄，麻江）

1	2
3	4
5	6
7	8

1/2 武陵掌突蟾（雌，麻江） 3 武陵掌突蟾手腹面（雄，麻江）
4 武陵掌突蟾足腹面（雄，麻江） 5 武陵掌突蟾（雄，都匀）
6 武陵掌突蟾生境（雷山） 7/8 武陵掌突蟾（蝌蚪，石阡）

角蟾科 Megophryidae Bonaparte, 1850

短腿蟾属 *Brachytarsophrys* Tian and Hu, 1983

30 川南短腿蟾

Brachytarsophrys chuannanensis (Fei, Ye and Huang, 2001)

【英 文 名】

Chuanan Short-legged Toad

【鉴别特征】

雄性体长91—109mm；与费氏短腿蟾相似，但眼后不呈肥肿隆起；额顶骨棱脊弱，位额顶骨两侧；内跖突约等于第一趾长度；体侧有分散的大疣。蝌蚪体腹面的浅色宽横纹较长，其侧端进出水孔部位；尾部有深浅相间的纵行带纹。

【生态资料】

该蟾生活于海拔800—1400m植被茂密的山区的流溪或泉水凼及其附近；白天成蟾多隐匿在土洞深处或流溪石缝内，雄蟾在白天和晚上均会发出洪亮鸣声。5月中旬左右为产卵盛期，卵产在石穴内，卵群呈片状。蝌蚪栖于流溪回水处，常以漏斗状口部漂浮在水面，有时则隐藏于石间。

【地理分布】

中国特有种。贵州分布于赤水。国内其他分布区有四川。

【种群状态】

种群数量较少。受胁等级为近危（NT）。

川南短腿蟾（雄，赤水）

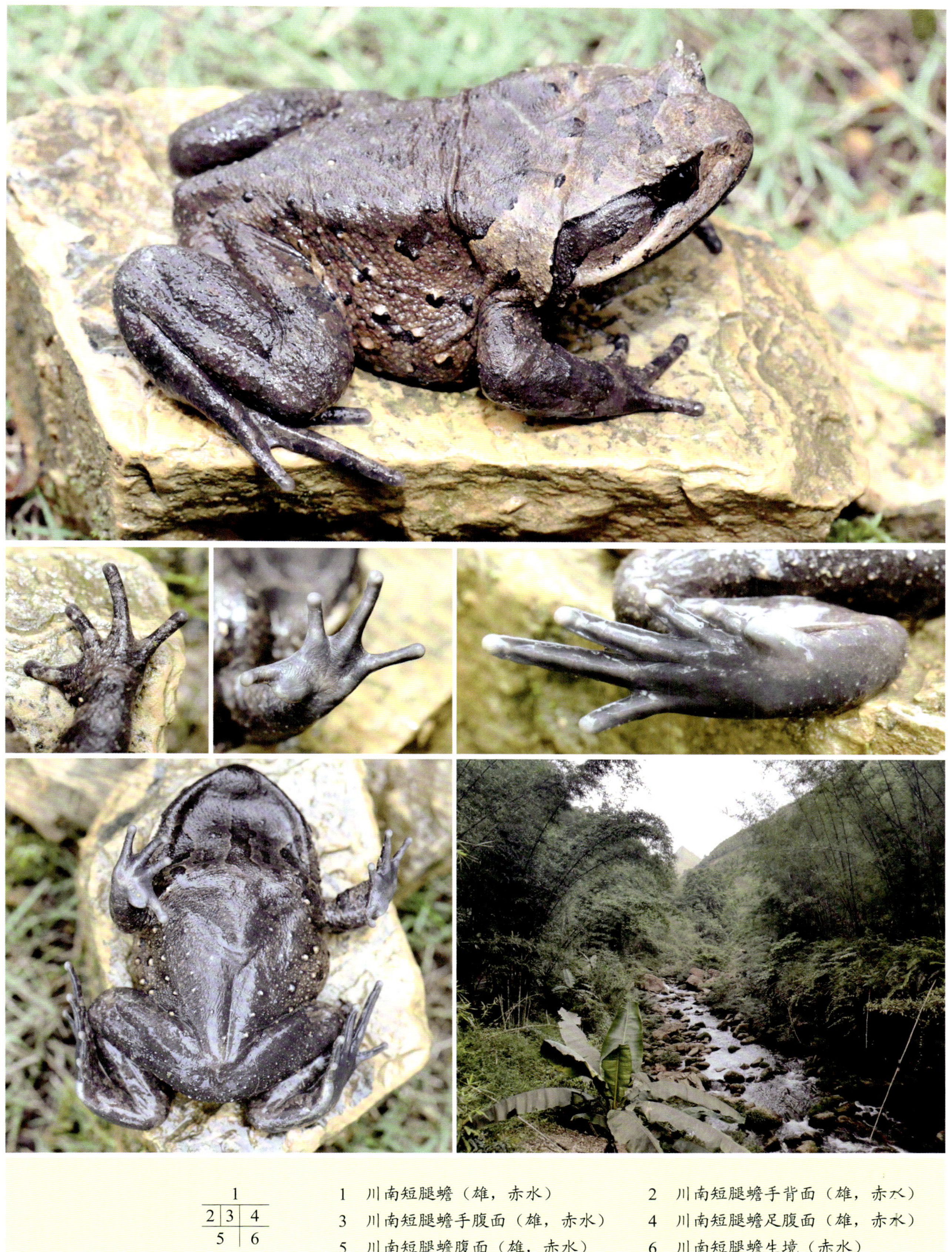

1		
2	3	4
	5	6

1　川南短腿蟾（雄，赤水）

2　川南短腿蟾手背面（雄，赤水）

3　川南短腿蟾手腹面（雄，赤水）

4　川南短腿蟾足腹面（雄，赤水）

5　川南短腿蟾腹面（雄，赤水）

6　川南短腿蟾生境（赤水）

角蟾科 Megophryidae Bonaparte, 1850

短腿蟾属 *Brachytarsophrys* Tian and Hu, 1983

31 珀普短腿蟾

Brachytarsophrys popei Zhao, Yang, Chen, Chen and Wang, 2014

【英 文 名】

Pope's Short-legged Frog

【鉴别特征】

体形较小，雄蟾体长70.7—83.5mm，雌蟾体长86.2mm；头甚宽扁，头宽约为头长的1.2倍；吻棱不明显，鼓膜隐蔽；犁骨棱突出，细长，两个犁骨棱间距宽，其间距是内鼻孔间距的1.5倍左右；舌呈梨状，后端缺刻深；左右跟部不相遇；后肢贴体前伸时，胫附关节达口角；指长顺序为III＞IV＞I＞II；雄性趾间有1/3到2/3蹼，雌性趾间最多有1/3蹼；趾侧均有显著的厚缘膜，雌性的略宽于雄性；上眼睑外侧有若干大小不等的疣粒，其中，一个疣粒较大突出成似角的淡黄色锥状长疣；繁殖期雄蟾第一指、第二指背面密布有小的黑褐色婚刺，有单咽下内声囊；蝌蚪有横向的白色条纹，腹侧紧接着白色斑点，身体两侧有2条纵向的白色条纹。

【生态资料】

生活于海拔900—1500m的植被较为繁茂的大小山溪及其附近。繁殖季节在4—6月。

【地理分布】

中国特有种。贵州分布于雷山、江口、三都、从江、独山。国内其他分布区有广东、湖南、江西。

【种群状态】

野外种群数量较多。受胁等级为近危（NT）。

珀普短腿蟾（雄，雷山）

1	2
3	5
	6
4	7

1/2/5　珀普短腿蟾（雄，从江）
3　珀普短腿蟾手腹面（雄，从江）　4　珀普短腿蟾生境（三都）
6　珀普短腿蟾足腹面（雄，从江）　7　珀普短腿蟾（蝌蚪，三都）

角蟾科 Megophryidae Bonaparte, 1850

短腿蟾属 *Brachytarsophrys* Tian and Hu, 1983

32 平顶短腿蟾

Brachytarsophrys platyparietus Rao and Yang, 1997

【英 文 名】

Flat-headed Short-legged Frog

【鉴别特征】

体形较大，雄蟾体长88.5—113.0mm，雌蟾体长118.5—131.0mm；头大，稍平，头宽约为头长的1.2倍；雌蟾上眼睑外缘角状疣粒极度伸长，尖且扁；后肢贴体前伸时，胫跗关节达口角；蹼较大，从跖骨远端到趾基部，雄蟾蹼式为I(1½)－(2＋)II(1½)－(3)III(2⅓)－(3⅔)IV(3⅔)－(2－)V；趾侧缘膜较宽（约趾远端宽度的1/2）；有许多小的锥状角质疣粒散布于胸部、侧腹部至身体侧面、腹面与四肢后部；繁殖期第一指、第二指背面的棕色婚垫上有黑色婚刺。

【生态资料】

生活于常绿阔叶林中山涧溪流里大的石块下。一些成年雄蟾被发现栖息于卵团附近，推测成年雄蟾有护卵行为。繁殖季节为4—5月。

【地理分布】

中国特有种。贵州分布于惠水、安龙。国内其他分布区有云南、广西、四川。

【种群状态】

种群数量较少。受胁等级为无危（LC）。

平顶短腿蟾（雄，惠水）

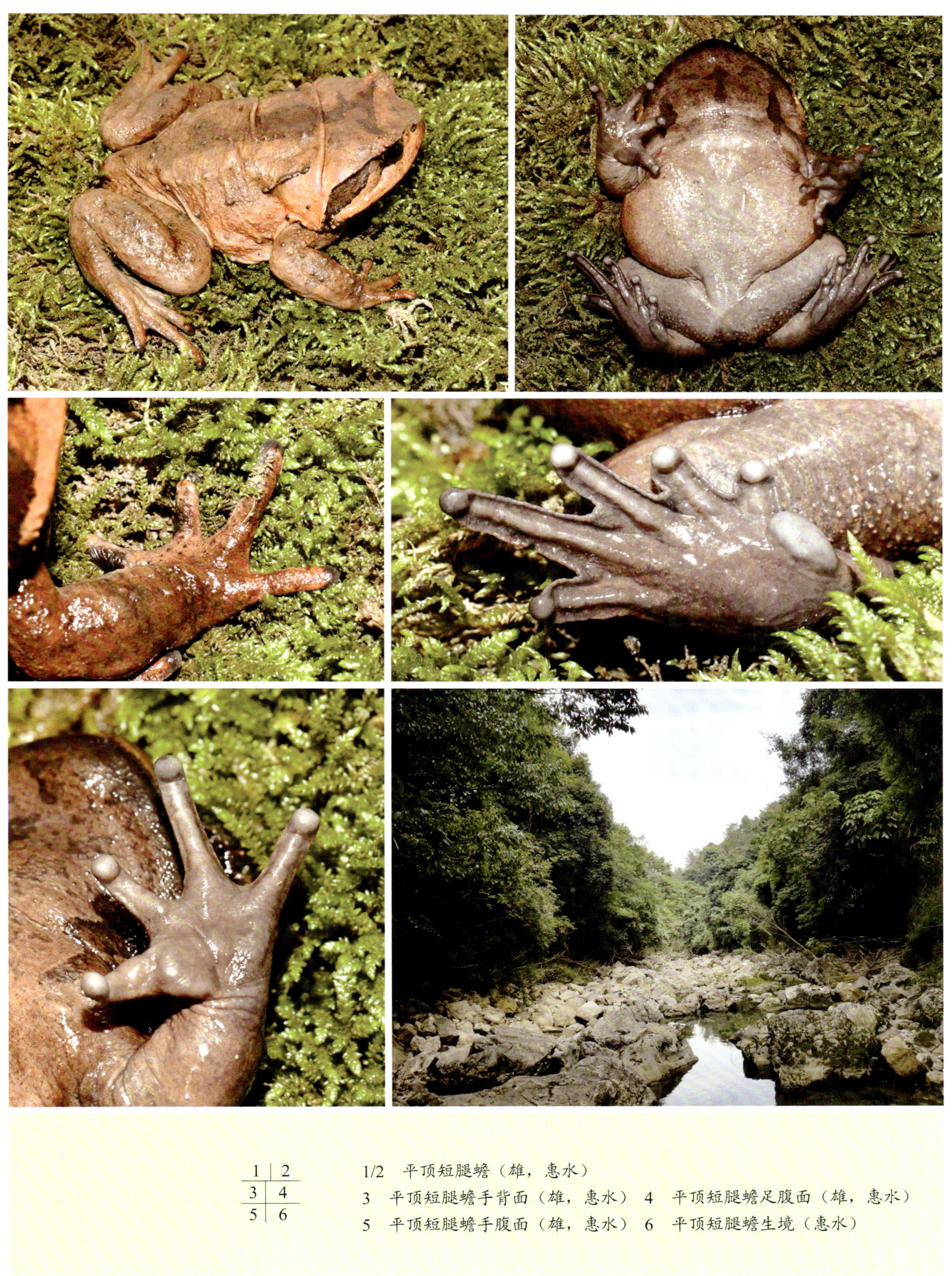

1	2
3	4
5	6

1/2 平顶短腿蟾（雄，惠水）
3 平顶短腿蟾手背面（雄，惠水） 4 平顶短腿蟾足腹面（雄，惠水）
5 平顶短腿蟾手腹面（雄，惠水） 6 平顶短腿蟾生境（惠水）

角蟾科 Megophryidae Bonaparte, 1850

短腿蟾属 *Brachytarsophrys* Tian and Hu, 1983

33 黔南短腿蟾

Brachytarsophrys qiannanensis Li, Liu, Yang, Wei and Su, 2022

【英 文 名】

Qiannan Short-legged Toad

【鉴别特征】

体形较小，雄蟾体长约70.1mm，雌蟾体长为80.1—84.9mm；有上颌齿和犁骨齿，舌后端缺刻浅；鼓膜隐蔽；上眼睑外缘有1个突出似角的锥状长疣；后肢贴体前伸时，胫跗关节达口角下方；趾侧缘膜较窄（约为趾远端宽度的1/3）；趾具1/3至2/3蹼；雄蟾具单咽下内声囊，繁殖期第一指背面棕色婚垫上无婚刺。

【生态资料】

该蟾生活于海拔1100—1200m的山区常绿阔叶林中的小溪沟内，溪水较浅。雄蟾常匿于较大的石头下，雌蟾常于雄蟾藏匿的石头附近活动。

【地理分布】

贵州特有种。贵州分布于荔波。

【种群状态】

种群数量较小且分布狭窄。建议受胁等级为易危（VU）。

黔南短腿蟾（雄，荔波）

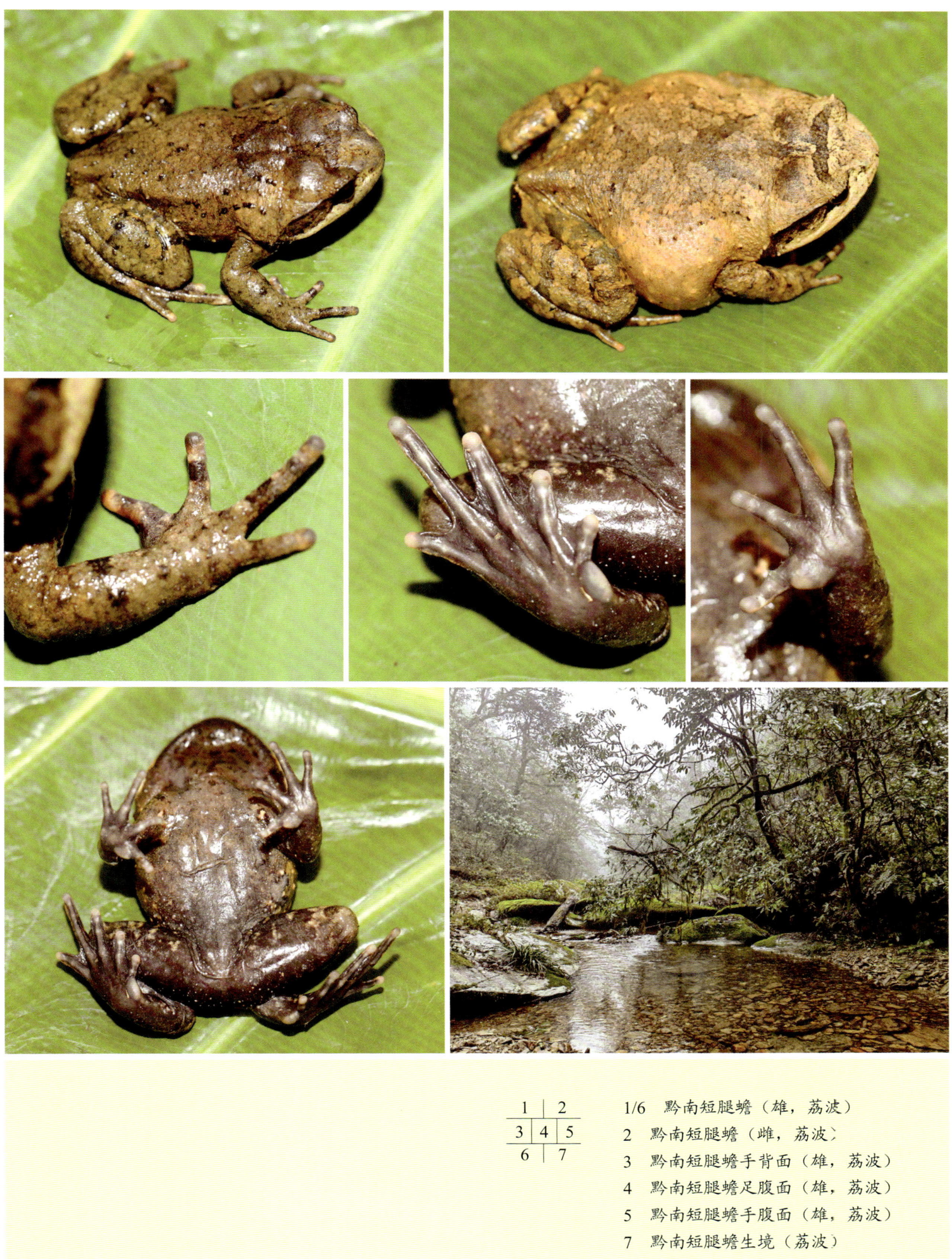

1	2	
3	4	5
6	7	

1/6 黔南短腿蟾（雄，荔波）
2 黔南短腿蟾（雌，荔波）
3 黔南短腿蟾手背面（雄，荔波）
4 黔南短腿蟾足腹面（雄，荔波）
5 黔南短腿蟾手腹面（雄，荔波）
7 黔南短腿蟾生境（荔波）

角蟾科 Megophryidae Bonaparte, 1850

布角蟾属 *Boulenophrys* Fei, Ye and Jiang, 2016

34 安龙角蟾

Boulenophrys anlongensis Li, Lu, Liu and Wang, 2020

【英 文 名】

Anlong Horned Toad

【鉴别特征】

体形较小，雄蟾体长40.0—45.5mm，雌蟾体长48.9—51.2mm；无犁骨齿；舌后端无缺刻；鼓膜清晰可见，呈椭圆形；上眼睑边缘有1个小的角状突起；掌突2个；趾侧缘膜较窄；趾基具蹼迹；相对指长为Ⅰ＜Ⅱ＜Ⅳ＜Ⅲ，相对趾长为Ⅰ＜Ⅱ＜Ⅴ＜Ⅲ＜Ⅳ；后肢贴体前伸时，胫跗关节达眼中部，左右跟部重叠；雄蟾有单咽下内声囊，繁殖期具褐色的婚垫，第一指、第二指基部有黑色婚刺。

【生态资料】

生活于海拔1400—1600m常绿阔叶林内的山间小溪旁的草本植物叶片上。繁殖季节在5—6月。

【地理分布】

贵州特有种。贵州分布于安龙。

【种群状态】

种群数量较少且分布狭窄。建议受胁等级为易危（VU）。

安龙角蟾（雄，安龙）

1	2
3 4	6
5	
7	8

1/2　安龙角蟾（雄，安龙）
3　安龙角蟾手背面（雄，安龙）
4　安龙角蟾手腹面（雄，安龙）
5　安龙角蟾足腹面（雄，安龙）
6　安龙角蟾生境（安龙）
7/8　安龙角蟾（蝌蚪，安龙）

角蟾科 Megophryidae Bonaparte, 1850

布角蟾属 *Boulenophrys* Fei, Ye and Jiang, 2016

35 赤水角蟾

Boulenophrys chishuiensis Xu, Li, Liu, Wei and Wang, 2020

【英 文 名】

Chishui Horned Toad

【鉴别特征】

体形中等，雄蟾体长43.4—44.1mm，雌蟾体长44.8—49.8mm；无犁齿；舌后端无缺刻；上眼睑外缘角质突起小；鼓膜清晰可见，圆形；掌突2个；指式为Ⅱ＜Ⅰ＜Ⅳ＜Ⅲ；趾侧无缘膜；趾间无蹼；后肢贴体前伸时，胫跗关节达到鼓膜与眼之间，左右跟部重叠；雄蟾有单咽下内声囊，繁殖期第一指、第二手指基背面的婚垫有黑刺。

【生态资料】

生活于海拔270—604m的山溪附近，夜间通常见于小溪附近的草本植物叶片上。繁殖季节为5月，可听到繁殖鸣叫。

【地理分布】

贵州特有种。贵州分布于赤水。

【种群状态】

种群数量较少且分布狭窄。建议受胁等级为易危（VU）。

赤水角蟾（雄，赤水）

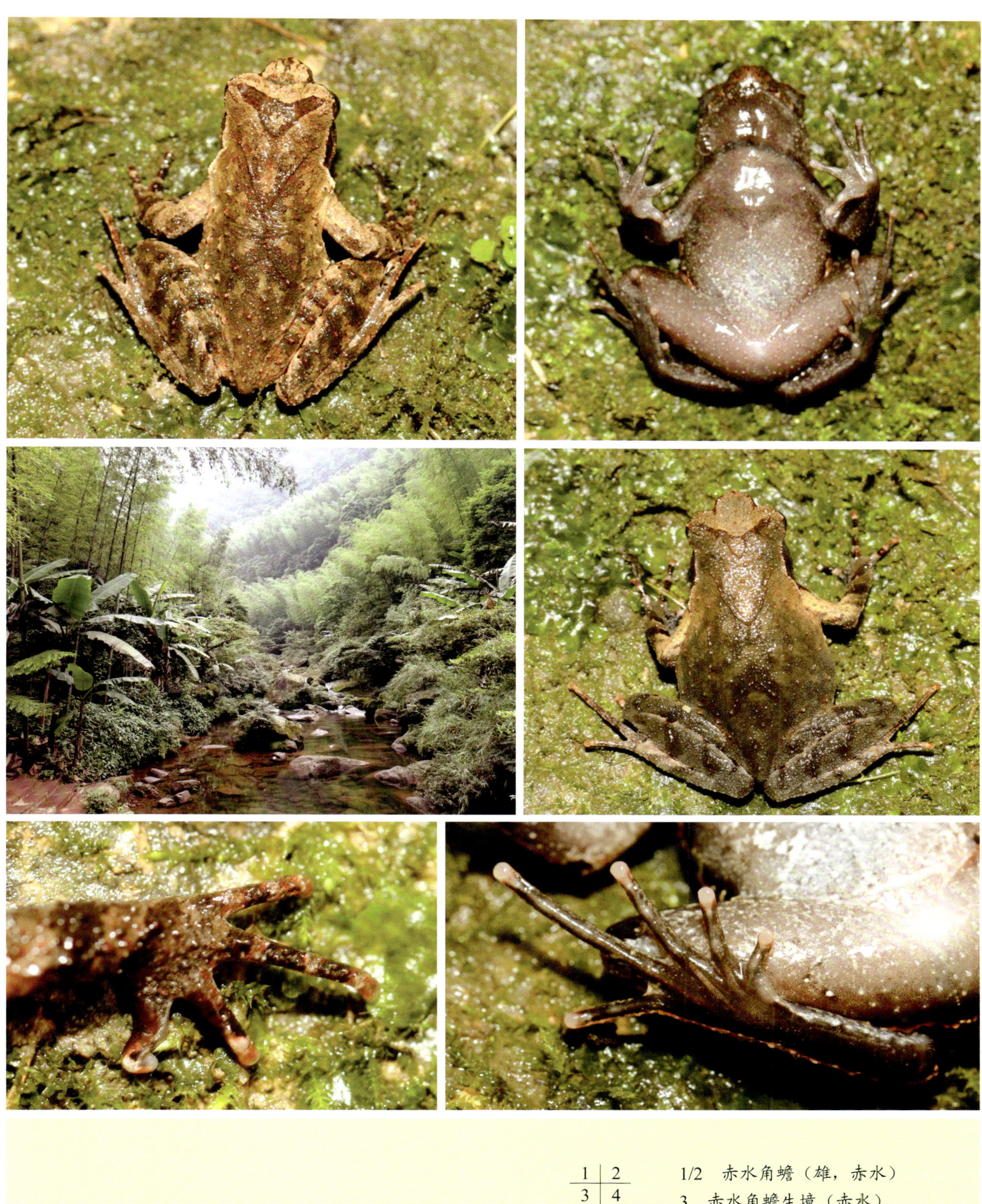

1	2
3	4
5	6

1/2　赤水角蟾（雄，赤水）
3　赤水角蟾生境（赤水）
4　赤水角蟾（雌，赤水）
5　赤水角蟾手背面（雄，赤水）
6　赤水角蟾足腹面（雄，赤水）

角蟾科 Megophryidae Bonaparte, 1850

布角蟾属 *Boulenophrys* Fei, Ye and Jiang, 2016

36 从江角蟾

Boulenophrys congjiangensis Luo, Wang, Wang, Lu, Wang, Deng and Zhou, 2021

【英 文 名】

Congjiang Horned Toad

【鉴别特征】

体形小，雄蟾体长28.6—33.4mm，雌蟾体长38.4—40.2mm；上眼睑外缘单个角状突起小；鼓膜清晰可见；舌后端无缺刻；趾侧缘膜狭窄；趾间具蹼迹；指式为II＜I＜IV＜III；后肢贴体前伸时，胫跗关节达鼻孔，左右跟部重叠；背部皮肤粗糙，有大量橙红色颗粒，腹面光滑；雄蟾具单咽下内声囊；繁殖期雄蟾第一指、第二指基部背面具灰黑色婚垫和黑色婚刺。

【生态资料】

该蟾生活于海拔1142—1206m的竹林、草丛和溪流附近的灌木丛中。分布区域内的植物主要有荨麻科、禾本科、莎草科、蔷薇科、鳞毛蕨科、蓼科、冬青科和壳斗科；同域分布的两栖爬行动物有瑶山肥螈、中华湍蛙、雷山琴蛙、阔褶水蛙、棘腹蛙、赵氏后棱蛇、福建竹叶青和虎斑颈槽蛇。该蟾夜间常栖息于小溪附近的草本植物叶片上。6—7月可听到繁殖鸣叫。

【地理分布】

贵州特有种。贵州分布于从江。

【种群状态】

种群数量较少且分布狭窄。建议受胁等级为易危（VU）。

从江角蟾（雄，从江）

	1	
2	4	5
3		
	6	

1 从江角蟾（雄，从江） 2 从江角蟾手背面（雄，从江）
3 从江角蟾足腹面（雄，从江） 4 从江角蟾手腹面（雄，从江）
5 从江角蟾生境（从江） 6 从江角蟾（蝌蚪，从江）

角蟾科 Megophryidae Bonaparte, 1850

布角蟾属 *Boulenophrys* Fei, Ye and Jiang, 2016

37 梵净山角蟾

Boulenophrys fanjingmontis (Zhang, Liang, Ran and Shen, 2012)

【英 文 名】

Mt. Fanjing Horned Toad

【鉴别特征】

雄性体长60.4—64.9mm；犁骨棱较弱，后端无犁骨齿，上颌有细齿；第一指、第二指上婚刺细密； 趾侧缘膜窄；体腹面斑少，两侧黑褐色长形斑明显。

【生态资料】

该蟾分布于梵净山保护区黑湾河一带海拔900m左右的小溪旁。

【地理分布】

贵州特有种。贵州分布于梵净山。

【种群状态】

种群数量较多，但分布狭窄。建议受胁等级为易危（VU）。

梵净山角蟾（雄，江口）

1	2	
3	4	5
6	7	

1 梵净山角蟾腹部（雄，江口）
2 梵净山角蟾腹部（雌，江口）
3 梵净山角蟾手背面（雄，江口）
4 梵净山角蟾手腹面（雄，江口）
5 梵净山角蟾足腹面（雄，江口）
6 梵净山角蟾侧面（雄，江口）
7 梵净山角蟾生境（江口）

角蟾科 Megophryidae Bonaparte, 1850

布角蟾属 *Boulenophrys* Fei, Ye and Jiang, 2016

38 雷山角蟾

Boulenophrys leishanensis Li, Xu, Liu, Jiang, Wei and Wang, 2018

【英 文 名】

Leishan Horned Toad

【鉴别特征】

体形小，雄蟾体长小于38.8mm，雌蟾体长小于42.3mm；无犁骨齿；舌后端无缺刻；上眼睑具1个细小角状小疣；鼓膜明显，圆形；掌突2个；指式为Ⅱ＜Ⅰ＜Ⅳ＜Ⅲ；趾侧无缘膜；趾间具蹼迹；后肢贴体前伸时，胫跗关节达眼中部，左右跟部重叠；雄蟾有单咽下内声囊；繁殖季节雄蟾第一指、第二指有黑色婚刺。

【生态资料】

该蟾生活在海拔1200—1749m的竹林和溪流边。常见同域分布的物种有棘指角蟾、龙胜臭蛙、武陵掌突蟾、尾斑瘰螈、镇海林蛙和雷山髭蟾。

【地理分布】

贵州特有种。贵州分布于雷山、丹寨、台江、榕江。

【种群状态】

种群数量较少且分布狭窄。建议受胁等级为易危（VU）。

雷山角蟾（雄，雷山）

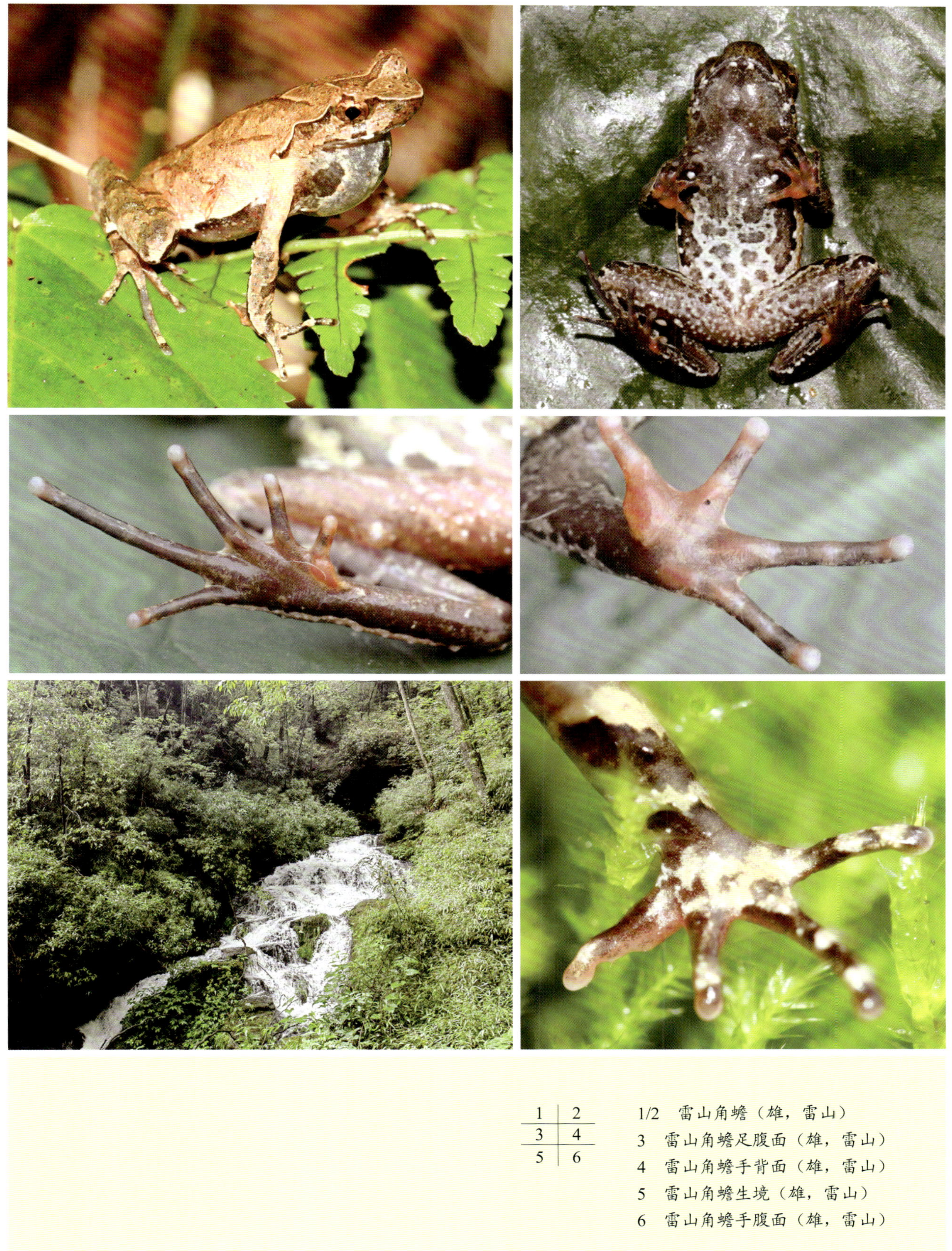

1	2
3	4
5	6

1/2 雷山角蟾（雄，雷山）
3 雷山角蟾足腹面（雄，雷山）
4 雷山角蟾手背面（雄，雷山）
5 雷山角蟾生境（雄，雷山）
6 雷山角蟾手腹面（雄，雷山）

角蟾科 Megophryidae Bonaparte, 1850

布角蟾属 *Boulenophrys* Fei, Ye and Jiang, 2016

39 荔波角蟾

Boulenophrys liboensis Zhang, Li, Xiao, Li, Pan, Wang, Zhang and Zhou, 2017

【英 文 名】

Libo Horned Toad

【鉴别特征】

体形较大，雄蟾体长60.53—67.70mm，雌蟾体长60.78—70.57mm；鼓膜明显；有犁骨齿；舌后端有缺刻；前臂及手长大于体长之半；后肢贴体前伸时，胫跗关节达眼中部，左右跟部略微重叠；趾侧缘膜窄；趾间具蹼迹，但无边缘沟；背部可见“X”形细肤棱；上眼睑角状突起显著；生活时虹膜呈棕色。

【生态资料】

4月发现于荔波县喀斯特地貌环境中的洞穴中，周围环境为常绿阔叶林或落叶阔叶林中，洞穴中有水塘，水温约为10℃，气温约为15℃，可见于洞穴中的石头上，洞穴外暂时没有发现成体和蝌蚪。

【地理分布】

贵州特有种。贵州分布于荔波。

【种群状态】

种群数量较少且分布狭窄。建议受胁等级为易危（VU）。

荔波角蟾（亚成体，荔波）

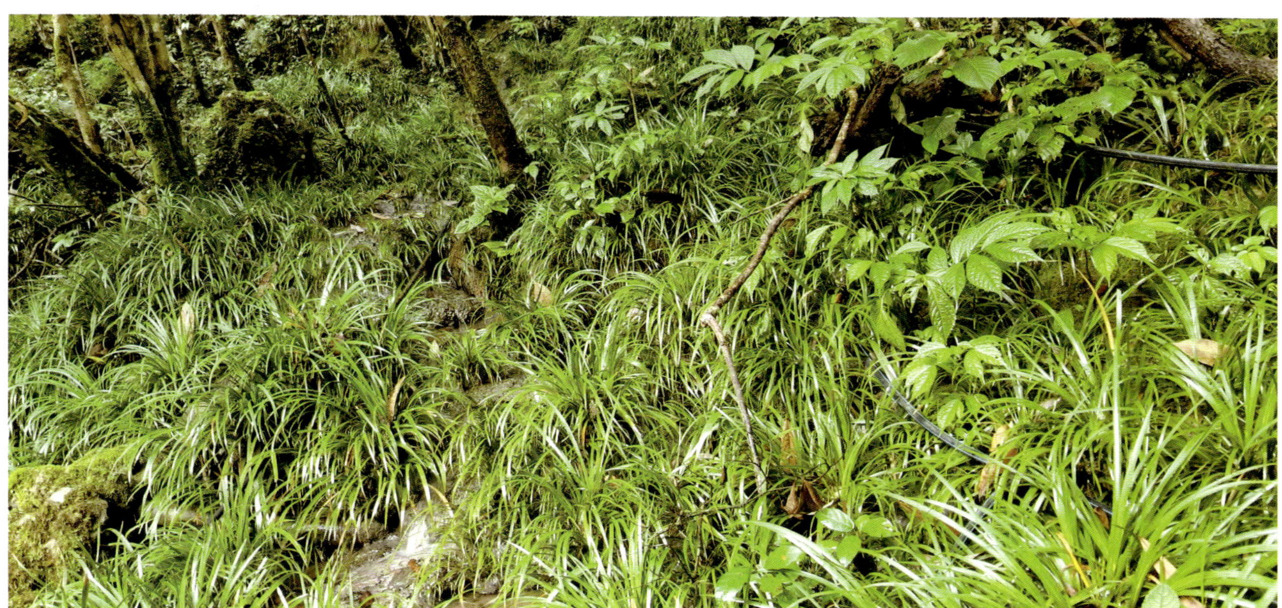

1	2
3	4
5	

1/2　荔波角蟾（亚成体，荔波）
3/4　荔波角蟾（蝌蚪，荔波）
5　荔波角蟾生境（荔波）

角蟾科 Megophryidae Bonaparte, 1850

布角蟾属 *Boulenophrys* Fei, Ye and Jiang, 2016

40 江氏角蟾

Boulenophrys jiangi Liu, Li, Wei, Xu, Cheng, Wang and Wu, 2020

【英 文 名】

Jiang's Horned Toad

【鉴别特征】

体形小，雄蟾体长小于39.2mm，雌蟾体长小于40.4mm；无犁骨齿；舌后端无缺刻；上眼睑外缘角状突起小；鼓膜明显，圆形；掌突3个；指式为Ⅰ＜Ⅱ＜Ⅳ＜Ⅲ，趾式为Ⅰ＜Ⅱ＜Ⅴ＜Ⅲ＜Ⅳ；后肢贴体前伸时，胫跗关节达鼓膜与眼间，左右跟重叠；趾侧无缘膜；趾间无蹼；雄蟾具单咽下内声囊；在繁殖期雄蟾第一指、第二指背基部具有黑色婚刺和婚垫。

【生态资料】

该蟾常栖于海拔1000m左右的竹林和溪流边。5月以后，中午至晚上均可听到其繁殖鸣声。

【地理分布】

中国特有种。贵州分布于绥阳、大方、遵义、江口、桐梓、石阡、麻江、都匀。国内其他分布区有重庆。

【种群状态】

该蟾分布区域较广，种群数量较大。建议受胁等级为无危（LC）。

江氏角蟾（雄，石阡）

1	2
3	4
5 6	8
7	9

1/2 江氏角蟾（雄，大方） 3/4 江氏角蟾（雄，江口）
5 江氏角蟾手背面（雄，麻江） 6 江氏角蟾手腹面（雄，麻江）
7 江氏角蟾足腹面（雄，麻江） 8 江氏角蟾（蝌蚪，都匀） 9 江氏角蟾生境（绥阳）

角蟾科 Megophryidae Bonaparte, 1850

布角蟾属 *Boulenophrys* Fei, Ye and Jiang, 2016

41 峨眉角蟾

Boulenophrys omeimontis Liu, 1950

【英 文 名】

Emei Horned Toad

【鉴别特征】

体形较大，雄蟾体长58.24—63.03mm，雌蟾体长60.40—67.90mm；犁骨棱发达，末端膨大具细齿；舌后端有缺刻；后肢贴体前伸时，胫跗关节达眼或超过，左右跟部重叠；第一指、第二指基部关节下瘤显著；趾侧缘膜窄，趾基具蹼迹；指式为Ⅲ＞Ⅱ＞Ⅰ=Ⅳ；繁殖期雄蟾第一指、第二指婚垫上有细而密集的黑刺。

【生态资料】

生活于海拔700—1500m的山区。4—8月，成蟾常栖于流溪及其附近的密林中，白天多隐蔽在流溪边大石块下；夜间常蹲于溪边石头、草丛或落叶间，以鳞翅目、鞘翅目和膜翅目昆虫和蜘蛛等小动物为食。雄蟾在4月下旬或5月上旬的下午和夜间发出“呷、呷、呷”的连续鸣声。交配时雄蟾前肢抱在雌蟾的胯部，产卵282—429粒，卵群呈团状，黏附在石块底面。蝌蚪多在溪边碎石间活动。繁殖季节为4—8月。

【地理分布】

中国特有种。贵州分布于赤水、习水。国内其他分布区有四川。

【种群状态】

种群数量较少。受胁等级为易危（VU）。

峨眉角蟾（雄，赤水）

1	2
3	4
5	7
6	
8	

1/2 峨眉角蟾（雌，赤水）
3 峨眉角蟾手背部（雄，习水）
4 峨眉角蟾（雄，赤水）
5 峨眉角蟾足腹部（雄，习水）
6 峨眉角蟾（蝌蚪，习水）
7 峨眉角蟾足腹面（雄，习水）
8 峨眉角蟾生境（习水）

角蟾科 Megophryidae Bonaparte, 1850

布角蟾属 *Boulenophrys* Fei, Ye and Jiang, 2016

42 黔北角蟾

Boulenophrys qianbeiensis Su, Shi, Wu, Li, Yao, Wang and Li, 2020

【英 文 名】

Qianbei Horned Toad

【鉴别特征】

体形中等，雄蟾体长49.3—58.2mm；上眼睑外缘无角状突起；犁骨棱明显，具犁骨齿；舌后端缺刻浅；鼓膜清晰可见，呈椭圆形；掌突2个；后肢贴体前伸时，胫跗关节达鼓膜和眼睛之间，左右跟部重叠；趾侧缘膜宽；趾具蹼；雄蟾有单咽下内声囊，繁殖期第一指、第二指基部背面有大而稀疏的黑色婚刺。

【生态资料】

常生活于海拔1000m以上的林区溪沟内，5—10月在溪沟石头上方常发现该蟾鸣叫。

【地理分布】

贵州特有种。贵州分布于桐梓、绥阳、遵义、大方。

【种群状态】

种群数量较大且分布广泛。建议受胁等级为无危（LC）。

黔北角蟾（雄，桐梓）

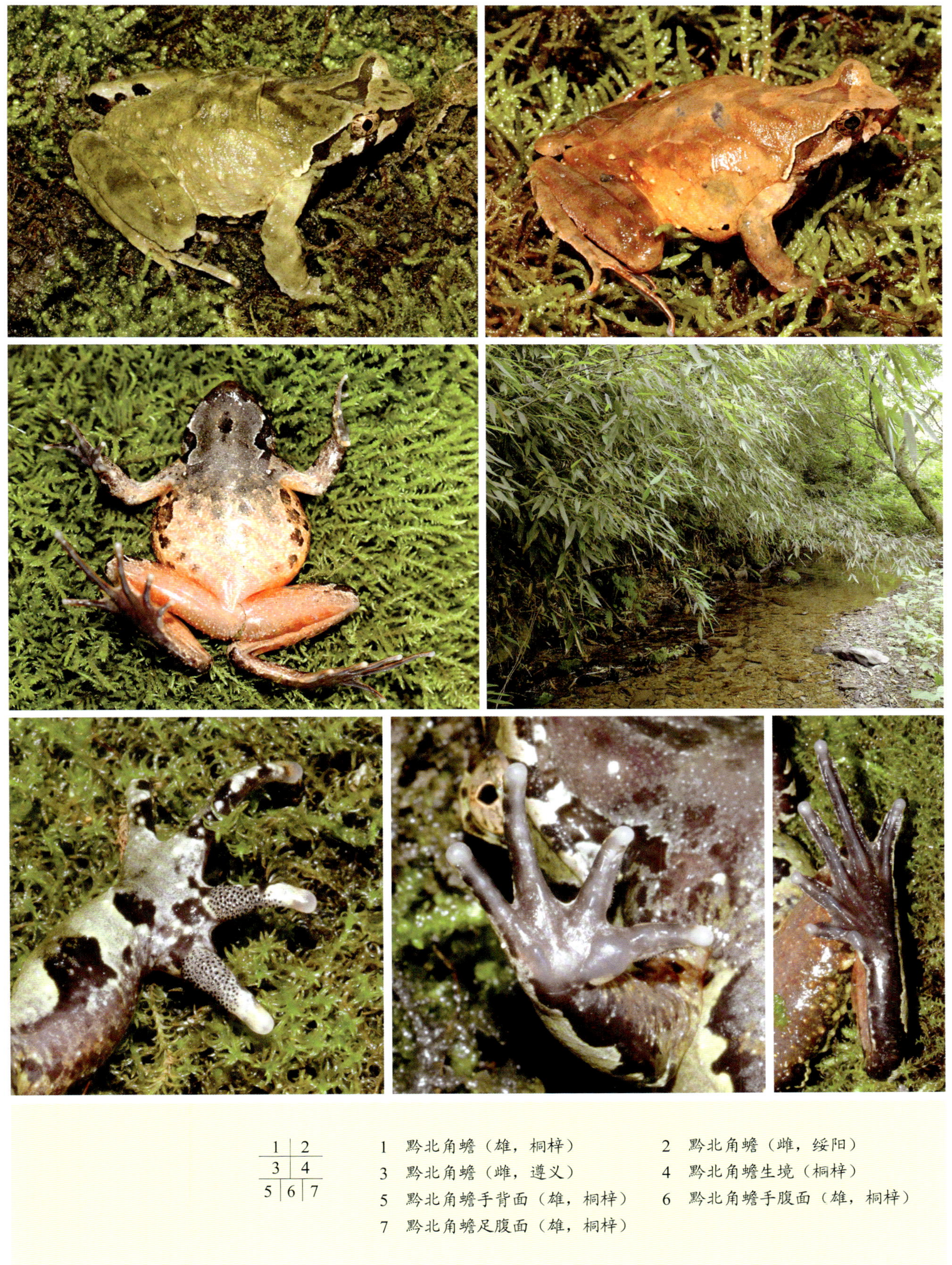

1	2
3	4
5	6	7

1 黔北角蟾（雄，桐梓）
2 黔北角蟾（雌，绥阳）
3 黔北角蟾（雌，遵义）
4 黔北角蟾生境（桐梓）
5 黔北角蟾手背面（雄，桐梓）
6 黔北角蟾手腹面（雄，桐梓）
7 黔北角蟾足腹面（雄，桐梓）

角蟾科 Megophryidae Bonaparte, 1850

布角蟾属 *Boulenophrys* Fei, Ye and Jiang, 2016

43 棘指角蟾

Boulenophrys spinata Liu and Hu, 1973

【英 文 名】

Spiny-fingered Horned Toad

【鉴别特征】

雄蟾体长约50mm，雌蟾体长约55mm；上眼睑无角状小疣；无犁骨齿；舌后端有缺刻；后肢贴体前伸时，胫跗关节达眼前角，左右跟部重叠；趾侧缘膜宽而明显；趾间具半蹼；胸腹部有10多枚深色斑；繁殖期雄蟾第一指、第二指具婚刺，粗大而稀疏。

【生态资料】

生活于海拔700—1000m的常绿阔叶林带内的山溪及其附近。繁殖季节一般在6—7月。

【地理分布】

中国特有种。贵州分布于雷山。国内其他分布区有湖南、四川、广西、云南。

【种群状态】

种群数量较多。受胁等级为无危（LC）。

棘指角蟾（雄，雷山）

1	2	
3	4	5
6		

1/2　棘指角蟾（雌，雷山）
3　棘指角蟾足腹面（雄，雷山）
4　棘指角蟾手背面（雄，雷山）
5　棘指角蟾腹背面（雄，雷山）
6　棘指角蟾生境（雷山）

角蟾科 Megophryidae Bonaparte, 1850

布角蟾属 *Boulenophrys* Fei, Ye and Jiang, 2016

44 水城角蟾

Boulenophrys shuichengensis Tian and Sun, 1995

【英 文 名】

Shuicheng Horned Toad

【鉴别特征】

体形大，雄蟾体长99.8—115mm，雌蟾体长102—118.3mm；上眼睑外侧三角形突起很明显；舌后端有缺刻；无犁骨齿；后肢贴体前伸时，胫跗关节达眼后角；趾侧有缘膜；趾间具1/4蹼；无声囊，繁殖期雄蟾指上无婚垫、无婚刺。

【生态资料】

生活于海拔1800—1870m的亚热带常绿阔叶林山区，其生活环境为平缓流溪，水质清凉，两岸灌木丛、杂草茂密，流溪中石灰质石块较多。4—7月，成蟾在小流溪近源处附近活动，捕食腹足类、昆虫、蚯蚓及其他小动物。多年野外考察未听见该蟾的鸣声，也未见到抱对和产卵行为，所见雌蟾腹内卵粒未达成熟。繁殖季节可能在4—7月。

【地理分布】

贵州特有种。贵州分布于水城、绥阳。

【种群状态】

国家二级保护野生动物。种群数量少且分布狭窄。建议受胁等级为濒危（EN）。

水城角蟾（雄，水城）

1	2
3	4
5	6
	7

1/2 水城角蟾（雄，绥阳）
3/4 水城角蟾（蝌蚪，水城）
5 水城角蟾生境（水城）
6 水城角蟾手腹面（雄，绥阳）
7 水城角蟾足腹面（雄，绥阳）

角蟾科 Megophryidae Bonaparte, 1850

异角蟾属 *Xenophrys* Günther, 1864

45 茅索角蟾

Xenophrys maosonensis Bourret, 1937

【英 文 名】

Maosuo Horned Toad

【鉴别特征】

体形较大，头体长67.24—70.60mm；瞳孔垂直；身体细长，头宽大于头长；鼻子尖锐，鼻孔靠近眼睛；犁骨齿位于后鼻孔内侧；舌呈卵圆形；鼓室与眼睛之间的距离大于其水平直径；鼓室上皱襞突出；眼径大于眶间距离；眼睛中间存在深色三角形斑点，中央区域较浅；指式为Ⅰ≤Ⅱ=Ⅳ<Ⅲ；后肢纤细，胫骨长于股骨；背深色，具广泛的斑点，有较浅的阴影；腹侧浅色；前方有黑色斑点。

【生态资料】

在贵州，该蟾生活于海拔1165—1200m的溪沟边，周围植被茂盛。发现时，其栖息于溪边石头上。5—8月可听到其鸣声。

【地理分布】

贵州分布于贞丰。国内其他分布区有云南。国外分布于越南。

【种群状态】

种群数量较小。建议受胁等级为近危（NT）。

茅索角蟾（雄，贞丰）

1	2
3	4
5	6

1/2 茅索角蟾（雄，贞丰） 3 茅索角蟾生境（贞丰）
4 茅索角蟾手腹面（雄，贞丰） 5 茅索角蟾手背面（雄，贞丰）
6 茅索角蟾足腹面（雄，贞丰）

角蟾科 Megophryidae Bonaparte, 1850

齿蟾属 *Oreolalax* Myers and Leviton, 1962

46 利川齿蟾

Oreolalax lichuanensis Hu and Fei, 1979

【英 文 名】

Lichuan Toothed Toad

【鉴别特征】

雄蟾体长53—65mm，雌蟾体长57—62mm；鼓膜略显；后肢贴体前伸时，胫跗关节到达前眼后角；内外掌突不显著高起；整个腹面浅紫色，满布浅黄色细麻斑；蝌蚪体尾交界处有1个明显的浅色弧形斑，并沿上尾鳍前端延伸成1条浅色纵纹。

【生态资料】

生活于海拔1790—1840m山区的灌丛及阔叶乔木林区内。成蟾营陆栖生活，多在平缓中小型流溪及其附近活动。繁殖季节为4月。在繁殖季节，雄性在夜间发出“咯、咯、咯”的连续鸣叫声，有的发出“咯咯、咯咯”的鸣声；雌蟾产卵215粒左右，卵群黏附在水内石块底面，呈环状或成片。蝌蚪分散栖于流溪回水凼或缓流处石下，游动缓慢，受惊后潜入石缝中。

【地理分布】

中国特有种。贵州分布于威宁。国内其他分布区有四川、重庆、湖北、湖南。

【种群状态】

种群数量稀少。受胁等级为近危（NT）。

利川齿蟾（雄）

1 | 2	
3	
4	

1/2 利川齿蟾（雄）
3/4 利川齿蟾（蝌蚪）

角蟾科 Megophryidae Bonaparte, 1850

齿蟾属 *Oreolalax* Myers and Leviton, 1962

47 红点齿蟾

Oreolalax rhodostigmatus Hu and Fei, 1979

【英 文 名】

Red-spoted Toothed Toad

【鉴别特征】

雄蟾体长58—74mm，雌蟾体长62—71mm；鼓膜明显；整个背面满布小疣；2个掌突高、长椭圆形，排成倒“八”形；体侧有10余个极显著的橘红色或浅黄圆疣；腋腺及股后腺大而圆，橘红色。蝌蚪体形肥大，大者全长达110mm，第一行短唇齿的下方，又有一行短唇齿位于左、右第一行、第二行唇齿之间，两口角处副突多，且有小齿。

【生态资料】

生活于海拔1000—1790m的山区石灰岩溶洞内及其附近。成蟾多栖息于有泉水或阴河的山洞内，常见于距洞口50—100m处的全黑暗的流溪岸边岩石上，行动十分缓慢。蝌蚪生活于溶洞内，在距洞口1—3km全黑暗的泉水凼内也可见到无色透明的蝌蚪，该蝌蚪见电筒光后缓慢游向深潭岩缝中。繁殖季节为4月。

【地理分布】

中国特有种。贵州分布于桐梓、道真、凤岗、湄潭、遵义、务川、仁怀、毕节、贵阳、清镇、绥阳、威宁、正安、沿河、德江、习水、印江、江口、水城、思南、金沙、荔波、兴仁。国内其他分布区有湖北、四川、重庆、湖南。

【种群状态】

种群数量较少。受胁等级为易危（VU）。

红点齿蟾（雄，思南）

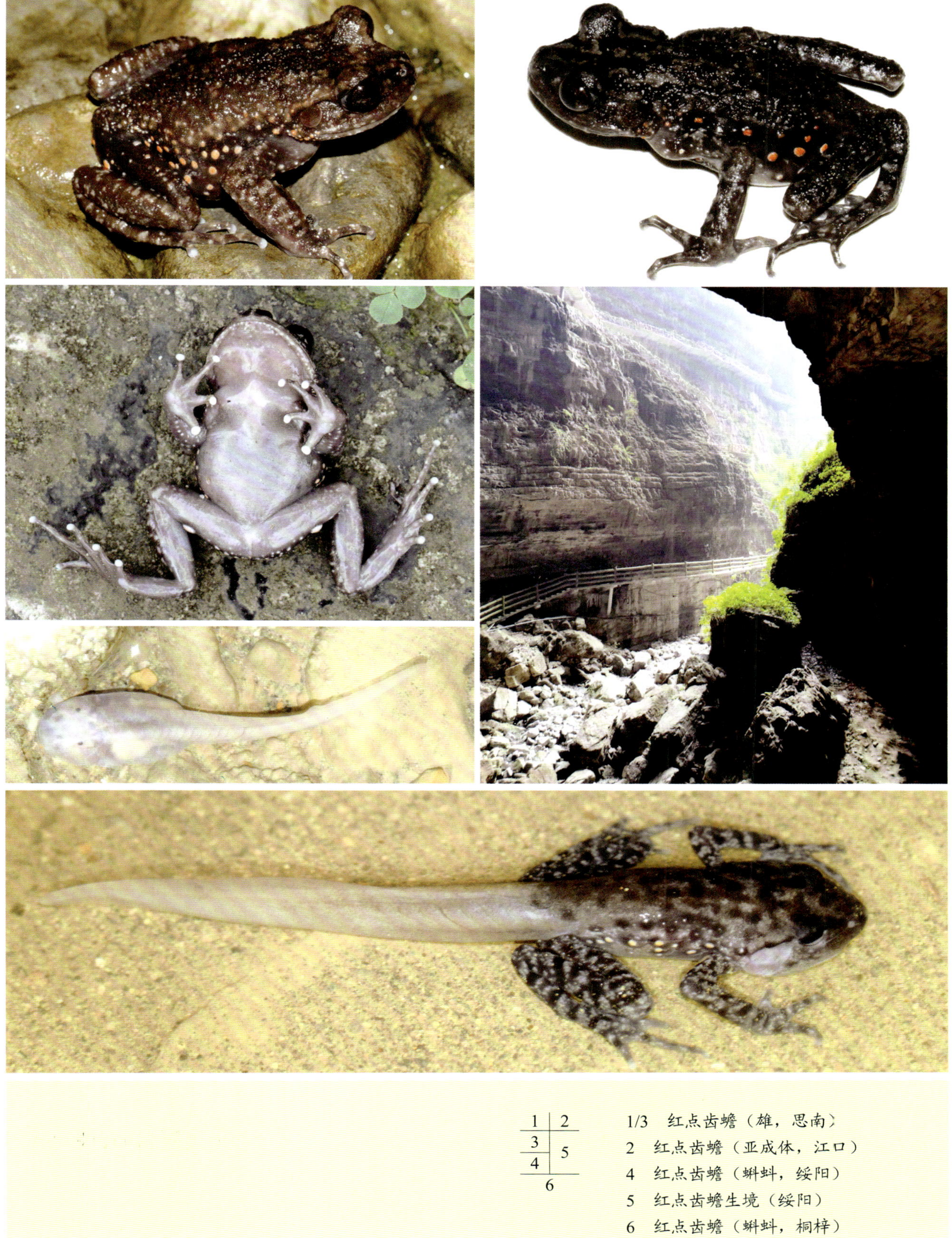

1	2
3	5
4	
6	

1/3 红点齿蟾（雄，思南）
2 红点齿蟾（亚成体，江口）
4 红点齿蟾（蝌蚪，绥阳）
5 红点齿蟾生境（绥阳）
6 红点齿蟾（蝌蚪，桐梓）

蟾蜍科 Bufonidae Gray, 1825

头棱蟾属 *Duttaphrynus* Frost, Grant, Faivovich, et al., 2006

48 黑眶蟾蜍

Duttaphrynus melanostictus Schneider, 1799

【英 文 名】

Black-spectacled Toad

【鉴别特征】

雄蟾体长59—79mm，雌蟾体长85—97mm；鼓膜大而显著；吻棱及上眼睑内侧黑色骨质棱强；有鼓上棱；耳后腺不紧接眼后；雄蟾内有声囊；生活时，成体背面一般呈黄棕色或黑棕色，有时具有不规则棕红色花斑；腹面呈乳黄色，有的个体有花斑。

【生态资料】

生活于山区的各种环境，尤其以住宅及耕地附近的石堆、杂草中较多。繁殖季节在2—4月。

【地理分布】

贵州分布于江口、兴义、雷山、贵定、罗甸、榕江、望谟、荔波、石阡、德江、三都、从江、安龙、关岭。国内其他分布区有宁夏、四川、云南、浙江、江西、湖南、福建、广东、广西、台湾、香港、澳门、海南。国外分布于印度、斯里兰卡、巴基斯坦、菲律宾及中南半岛、马来半岛、大巽他群岛。

【种群状态】

种群数量较多。受胁等级为无危（LC）。

黑眶蟾蜍（雄，兴义）

1	2
3 4	5
6	

1 黑眶蟾蜍（雄，从江）
2 黑眶蟾蜍（雄，安龙）
3 黑眶蟾蜍手背面（雄，望谟）
4 黑眶蟾蜍手腹面（雄，望谟）
5 黑眶蟾蜍足腹面（雄，望谟）
6 黑眶蟾蜍（雄，兴岭）

蟾蜍科 Bufonidae Gray, 1825

蟾蜍属 *Bufo* Garsault, 1764

49 中华蟾蜍

Bufo gargarizans Cantor, 1842

【英 文 名】

Zhoushan Toad

【鉴别特征】

体肥大，雄蟾体长67—127mm，雌蟾体长85—110mm；成蟾背面瘰粒多而密；一般无跗褶；腹面深色斑纹很明显，腹后部有1个深色大斑块。

【生态资料】

生活于海拔200—1200m的各种环境；春末至秋末，日间常匿居于住宅附近及耕作地边石下、草丛中或土洞内，黄昏时常爬到路旁或田野中觅食，清晨及暴雨后也常出外活动。繁殖季节在2—3月。

【地理分布】

贵州全省均可见。国内其他分布区为除宁夏、云南、青海、西藏、台湾、海南外的各省（区）。国外分布于俄罗斯、朝鲜。

【种群状态】

种群数量多且分布广泛。受胁等级为无危（LC）。

中华蟾蜍（雄，湄潭）

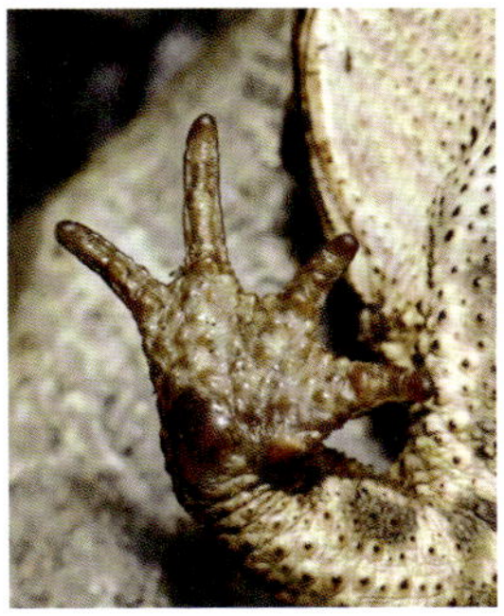

1	2
3	4
5 6	7
8	

1 中华蟾蜍（雄，仁怀） 2 中华蟾蜍（雄，水城）
3 中华蟾蜍（雄，习水） 4 中华蟾蜍（雄，桐梓）
5 中华蟾蜍手腹面（雄，桐梓） 6 中华蟾蜍手背面（雄，桐梓）
7 中华蟾蜍足腹面（雄，桐梓） 8 中华蟾蜍生境（水城）

蟾蜍科 Bufonidae Gray, 1825

蟾蜍属 *Bufo* Garsault, 1764

50 华西蟾蜍

Bufo andrewsi Schmidt, 1925

【英 文 名】

Andrew's Toad

【鉴别特征】

雄蟾体长63—90mm，雌蟾体长85—116mm；头宽大于头长；吻端圆而高，吻棱明显；鼻间距与眼间距几乎相等；头部无骨质棱脊；瞳孔横椭圆形；鼓膜不显著，呈椭圆形；耳后腺大，长卵圆形；体侧与腹部满布小疣粒，跗褶显著；后肢粗短，无股后腺；后肢贴体前伸时，胫跗关节达肩部，左右跟部不相遇。

【生态资料】

该蟾生活于海拔750—3500m的多种生态环境中。成蟾常栖息于草丛间或石下，夏秋黄昏后常在路边或杂草间觅食。繁殖季节在3—6月。

【地理分布】

中国特有种。贵州分布于雷山、荔波、丹寨、瓮安、黄平、从江。国内其他分布区有甘肃、陕西、四川、重庆、云南、湖北、广东、广西。

【种群状态】

种群数量较多且分布广泛。建议受胁等级为无危（LC）。

华西蟾蜍（雄，丹寨）

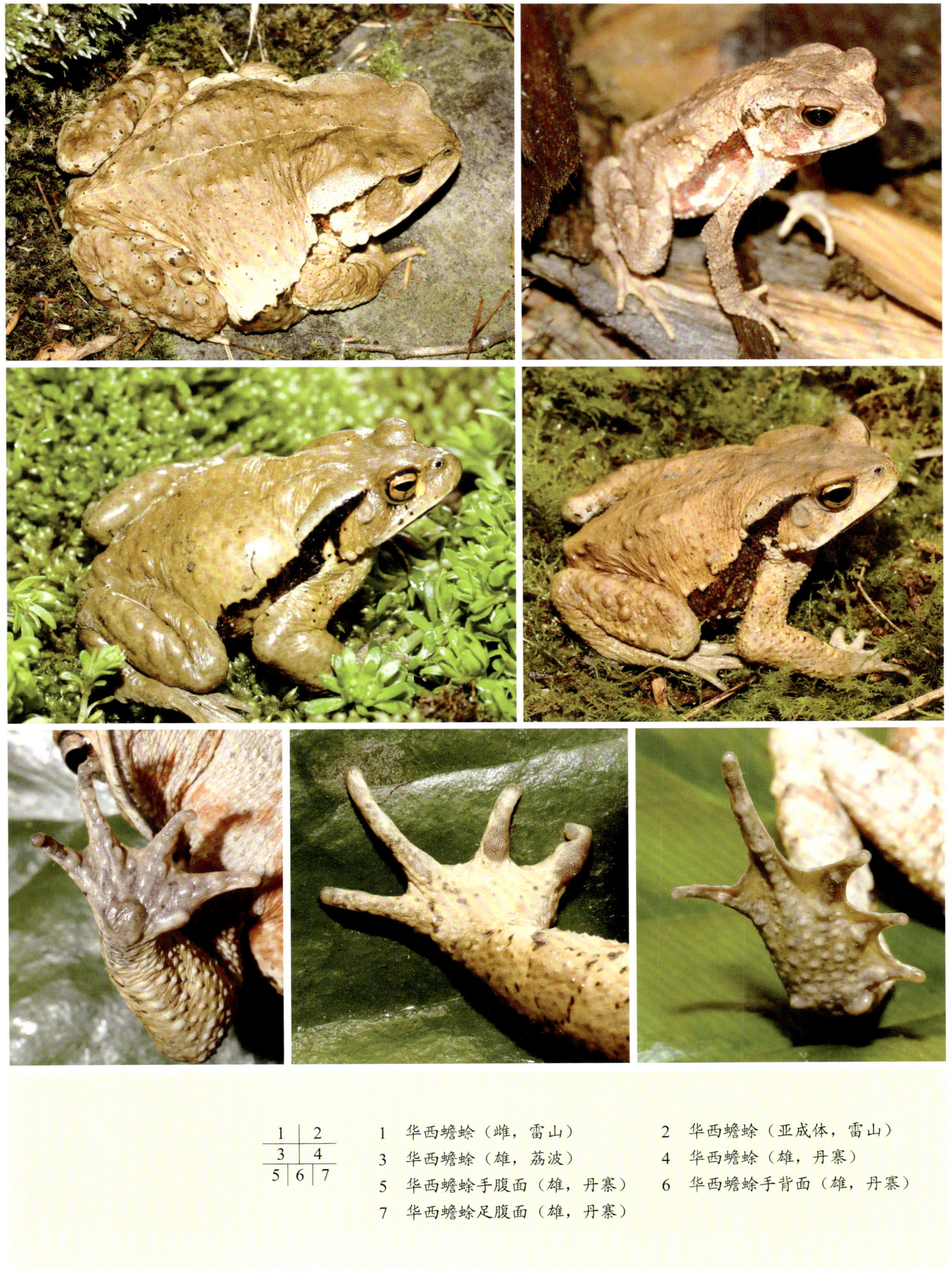

1	2
3	4
5 6	7

1 华西蟾蜍（雌，雷山）
2 华西蟾蜍（亚成体，雷山）
3 华西蟾蜍（雄，荔波）
4 华西蟾蜍（雄，丹寨）
5 华西蟾蜍手腹面（雄，丹寨）
6 华西蟾蜍手背面（雄，丹寨）
7 华西蟾蜍足腹面（雄，丹寨）

雨蛙科 Hylidae Rafinesque, 1815

雨蛙属 *Hyla* Laurenti, 1768

51 华西雨蛙

Hyla annectan Jerdon, 1870

【英 文 名】

Gongshan Tree Toad

【鉴别特征】

雄蛙体长32—39mm，雌蛙体长38—43mm；颞褶粗厚，散有疣粒；吻端绿色；鼻孔沿上眼睑外侧到体前段呈棕色；体侧、股前后方有小的圆斑1—4枚，彼此互不连接；前后肢背面均呈绿色，分别达前臂腕部和胫跗关节。

【生态资料】

生活于海拔200—1300m的山区稻田或山间凹地静水塘及其附近。繁殖季节在5—6月。

【地理分布】

中国特有种。贵州全省均可见。国内其他分布区有四川、云南、广西。

【种群状态】

野外种群数量较多且分布广泛。受胁等级为无危（LC）。

华西雨蛙（雄，江口）

1	2
3	4
5 6	7

1 华西雨蛙（雌，雷山） 2 华西雨蛙（雌，纳雍）
3 华西雨蛙（雄，纳雍） 4 华西雨蛙（雄，道真）
5 华西雨蛙手背面（雄，纳雍） 6 华西雨蛙手腹面（雄，纳雍）
7 华西雨蛙生境（纳雍）

雨蛙科 Hylidae Rafinesque, 1815

雨蛙属 *Hyla* Laurenti, 1768

52 无斑雨蛙

Hyla immaculata Boettger, 1888

【英 文 名】

Spotless Tree Toad

【鉴别特征】

雄蛙体长31mm左右，雌蛙体长36—41mm；后肢短，贴体前伸时，胫跗关节达鼓膜后缘；颞褶细，其上无疣粒；背部纯绿；鼻孔至眼之间无深色线纹；体侧和胫前后无黑色斑点；肛上方有1条细白横纹；足略长于胫；趾1/3蹼。

【生态资料】

成蟾在下雨后或夜间常出外活动，多栖息于池塘边、稻丛中或草丛中鸣叫，声量大而高，常集群在一片农作物地内，群蛙共鸣；成蛙善于攀爬高秆农作物，捕食多种昆虫、蚁类等小动物。雄蛙产卵分小群黏附于稻田或水坑内的草茎上，共产卵220粒左右。蝌蚪在静水域内生活，以浮游生物、藻类、腐物为食。繁殖季节在5—6月。

【地理分布】

中国特有种。贵州分布于松桃、绥阳、仁怀、贵定、雷山、印江、正安、习水、石阡、思南、江口。国内其他分布区有山东、河北、天津、河南、广东、陕西、重庆、湖北、安徽、江苏、上海、浙江、江西、湖南、福建。

【种群状态】

种群数量较多。受胁等级为无危（LC）。

无斑雨蛙（雄，江口）

1	2
3	4
5	

1/2/3/4　无斑雨蛙（雄，江口）
5　无斑雨蛙生境（江口）

雨蛙科 Hylidae Rafinesque, 1815

雨蛙属 *Hyla* Laurenti, 1768

53 三港雨蛙

Hyla sanchiangensis Pope, 1929

【英 文 名】

Sanchiang Tree Toad

【鉴别特征】

雄蛙体长29—31mm，雌蛙体长34—37mm；颞褶较细，上边一般无疣粒；眼前下方至口角有一块明显的灰白斑，眼后鼓膜上下方2条深棕色线纹在肩部不相会合；体侧后段、股前后、胫腹面均有棕黑色斑点。蝌蚪唇齿式为Ⅰ：1+1/Ⅲ，自吻端向两侧各有1条黄色纵纹；肛孔斜开于尾基右侧。

【生态资料】

生活于海拔180—1200m山区稻田及其附近。繁殖季节在3—5月。

【地理分布】

中国特有种。贵州分布于雷山、榕江、荔波、三都。国内其他分布区有广西、安徽、浙江、江西、湖北、湖南、福建、广东。

【种群状态】

野外种群较多。受胁等级为无危（LC）。

三港雨蛙（雄，雷山）

1	2	
3	4	
5	6	7

1　三港雨蛙（抱对，三都）
2　三港雨蛙（雄，雷山）
3　三港雨蛙（雌，三都）
4　三港雨蛙生境（雷山）
5　三港雨蛙足腹面（雄，三都）
6　三港雨蛙手背面（雄，三都）
7　三港雨蛙手腹面（雄，三都）

蛙科 Ranidae Batsch, 1796

蛙属 *Rana* Linnaeus, 1758

54 昭觉林蛙

Rana chaochiaoensis Liu, 1946

【英 文 名】

Chaochiao Brown Frog

【鉴别特征】

雄蛙体长50—57mm，雌蛙体长44—62mm；头长略大于头宽；吻棱明显；眼间距大于上眼睑宽；背侧褶在颞部上方不弯曲；指、趾末端圆或扁而无沟；前肢较粗壮，后肢长，贴体胫跗关节前伸时，达鼻孔或超过吻端；左右跟部重叠较多；趾间全蹼。蝌蚪唇齿式I：2+2或3+3/Ⅰ+Ⅰ：III，下唇乳突一排，中央稀疏或有缺刻。

【生态资料】

分布于海拔1150—3500m的山区和高原地区。栖息于环境林木和杂草繁茂的沼泽和水塘较多、地面潮湿的地方。繁殖季节为4—5月。

【地理分布】

中国特有种。贵州分布于西部威宁、毕节、纳雍等地。国内其他分布区有四川、云南。

【种群状态】

种群数量较大。受胁等级为无危（LC）。

昭觉林蛙（抱对，纳雍）

1	2
3	4
	5

1 昭觉林蛙（雌，威宁）
2 昭觉林蛙足腹面（雄，纳雍）
3 昭觉林蛙生境照（纳雍）
4 昭觉林蛙手腹面（雄，纳雍）
5 昭觉林蛙手背面（雄，纳雍）

蛙科 Ranidae Batsch, 1796

蛙属 *Rana* Linnaeus, 1758

55 大别山林蛙

Rana dabieshanensis Wang, Qian, Zhang, Guo, Pan, Wu, Wang and Zhang, 2017

【英 文 名】

Dabieshan Brown Frog

【鉴别特征】

体形相对较大，雄蛙体长50.9—62.8mm，雌蛙体长53.0—68.3mm；吻端钝尖；颞褶明显；吻棱明显；四肢背表有明显的灰褐色横纹；背侧皮肤光滑，腿上有小颗粒但无大结节；指尖不膨大，指式为III>Ⅰ>Ⅳ>Ⅱ，指尖蹼缺失，趾2/3蹼；有明显的灰色婚垫，并有细小的婚刺；外声囊缺失；背侧褶较宽细而平直，在颞部上方不弯曲，从眼后直达胯部；背部颜色从金色到棕色不等。

【生态资料】

栖息于海拔1150m左右的山区溪流附近的落叶阔叶林、藤蔓和灌木草地上，少部分在水里。繁殖季节为8—9月。

【地理分布】

中国特有种。贵州分布于桐梓。国内其他分布区有安徽。

【种群状态】

种群数量较小。受胁等级为无危（LC）。

大别山林蛙（雄，桐梓）

1	2
3	4
5	

1　大别山林蛙（雌，桐梓）
2/3/4　大别山林蛙（雄，桐梓）
5　大别山林蛙生境（桐梓）

蛙科 Ranidae Batsch, 1796

蛙属 *Rana* Linnaeus, 1758

56 寒露林蛙

Rana hanluica Shen, Jiang and Yang, 2007

【英 文 名】

Hanlui Brown Frog

【鉴别特征】

雄蛙体长50—66mm，雌蛙体长54—72mm；皮肤光滑；趾末端不呈吸盘状，腹侧无沟；背侧褶较宽细而平直，在颞部上方不弯曲，从眼后直达胯部；股部背面黑褐色横纹窄且整齐，约9条；雄蛙无雄性线。蝌蚪唇齿式为Ⅰ：3+3/1+1：Ⅲ。

【生态资料】

生活于海拔1100—2000m森林地带。繁殖期在10月左右。

【地理分布】

中国特有种。贵州分布于江口、雷山、从江。国内其他分布区有湖南、广西。

【种群状态】

种群数量较多。受胁等级为近危（NT）。

寒露林蛙（雄，雷山）

1	2
3	4
5	6

1/2 寒露林蛙（雄，雷山）
3/4 寒露林蛙（雌，雷山）
5 寒露林蛙（亚成体，从江）
6 寒露林蛙生境

蛙科 Ranidae Batsch, 1796

蛙属 *Rana* Linnaeus, 1758

57 峨眉林蛙

Rana omeimontis Ye and Fei, 1993

【英 文 名】

Emei Brown Frog

【鉴别特征】

个体较大，雄蛙体长56.7—63.7mm，雌蛙体长61.7—70.3mm；吻端钝尖；背侧褶较细窄，背侧褶在鼓膜上方平直；股部背面黑褐色横纹较宽，一般4—7条；有雄性线；雄蛙婚垫白色，基部者明显分为两团。

【生态资料】

生活于海拔250—2100m的平原、丘陵和山区。成蛙营陆栖生活，非繁殖期多在森林和草丛中活动，觅食昆虫、环节动物和软体动物等小动物。繁殖期在8月底至9月中旬，成蛙集群于静水域内水草间，雄蛙常发出“呱、呱、呱”的鸣声。交配时，雄蛙前肢抱握在雌蛙的腋胸部位，卵产在水塘、冬水田或小溪洄水处，卵群呈团状，含卵800—2300粒。蝌蚪多在静水内生活，需越冬到翌年5月至7月变态成幼蛙。

【地理分布】

中国特有种。贵州分布于东部及北部。国内其他分布区有甘肃、四川、重庆、湖南、湖北。

【种群状态】

种群数量较大。受胁等级为无危（LC）。

寒露林蛙（雄，雷山）

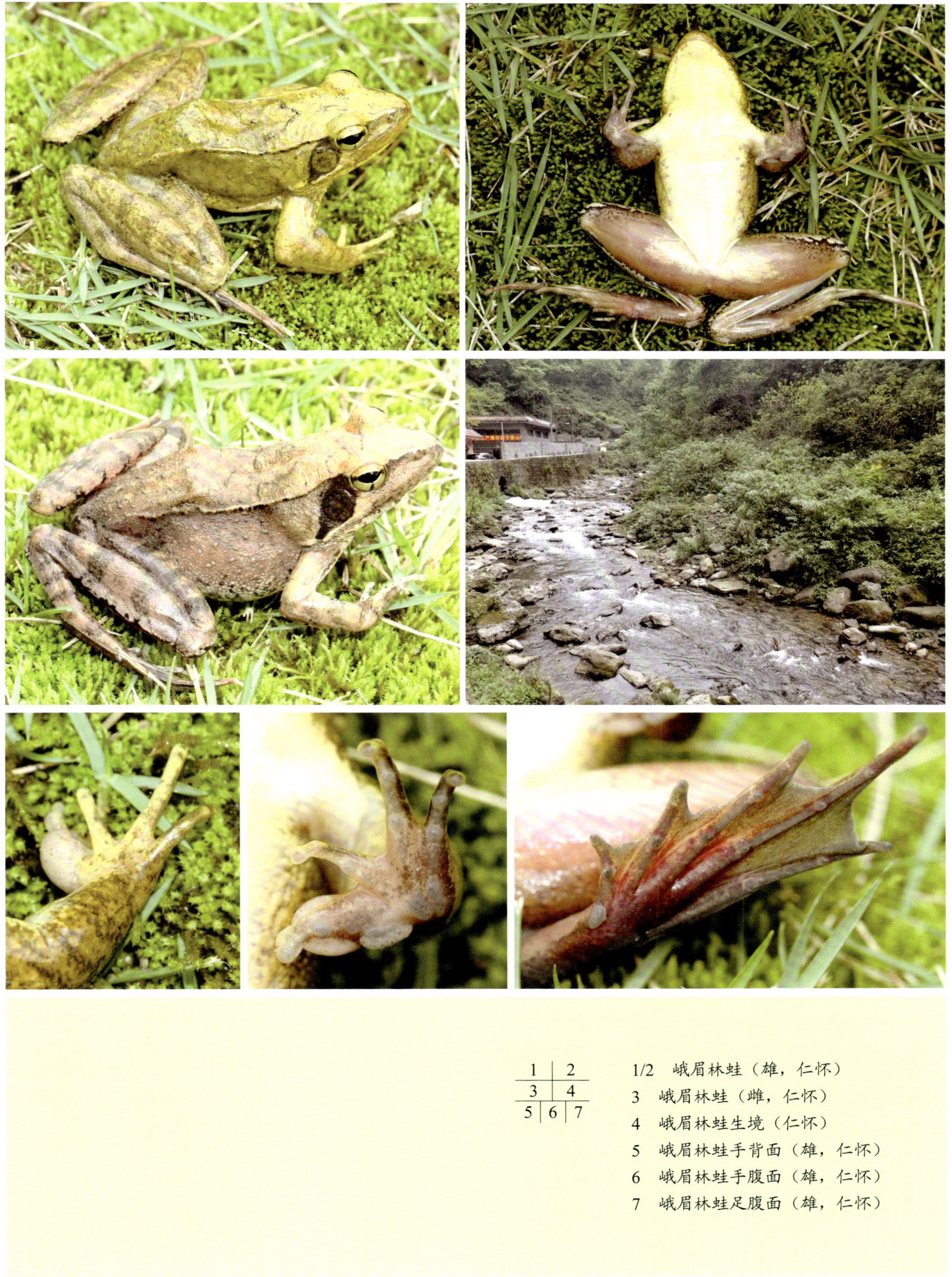

1	2
3	4
5 | 6 | 7	

1/2　峨眉林蛙（雄，仁怀）
3　峨眉林蛙（雌，仁怀）
4　峨眉林蛙生境（仁怀）
5　峨眉林蛙手背面（雄，仁怀）
6　峨眉林蛙手腹面（雄，仁怀）
7　峨眉林蛙足腹面（雄，仁怀）

蛙科 Ranidae Batsch, 1796

蛙属 *Rana* Linnaeus, 1758

58 镇海林蛙
Rana zhenhaiensis Ye, Fei and Matsui, 1995

【英 文 名】

Zhenhai Brown Frog

【鉴别特征】

体形相对较小，雄蛙体长40—57mm，雌蛙体长36—60mm；皮肤较光滑，体背及体侧有少数小圆疣；颞褶细弱；背侧褶在鼓膜上方多数略弯，少数平直；股部背面黑褐色横纹较宽，一般4—7条；有雄性线；雄蛙婚垫灰色，基部不明显分为两团。蝌蚪唇齿式为Ⅰ：2+2/1+1：Ⅱ。

【生态资料】

生活在海拔500—1200m的山区。繁殖季节在12月至翌年4月。繁殖期间常群集在丘陵、山边的水坑、水沟和农田或雨后的临时积水等静水域及其附近。

【地理分布】

中国特有种。贵州分布于雷山、江口、印江、思南。国内其他分布区有天津、山东、河南、安徽、江苏、浙江、江西、湖南、福建、广东。

【种群状态】

种群数量较多。受胁等级为无危（LC）。

镇海林蛙（雄，雷山）

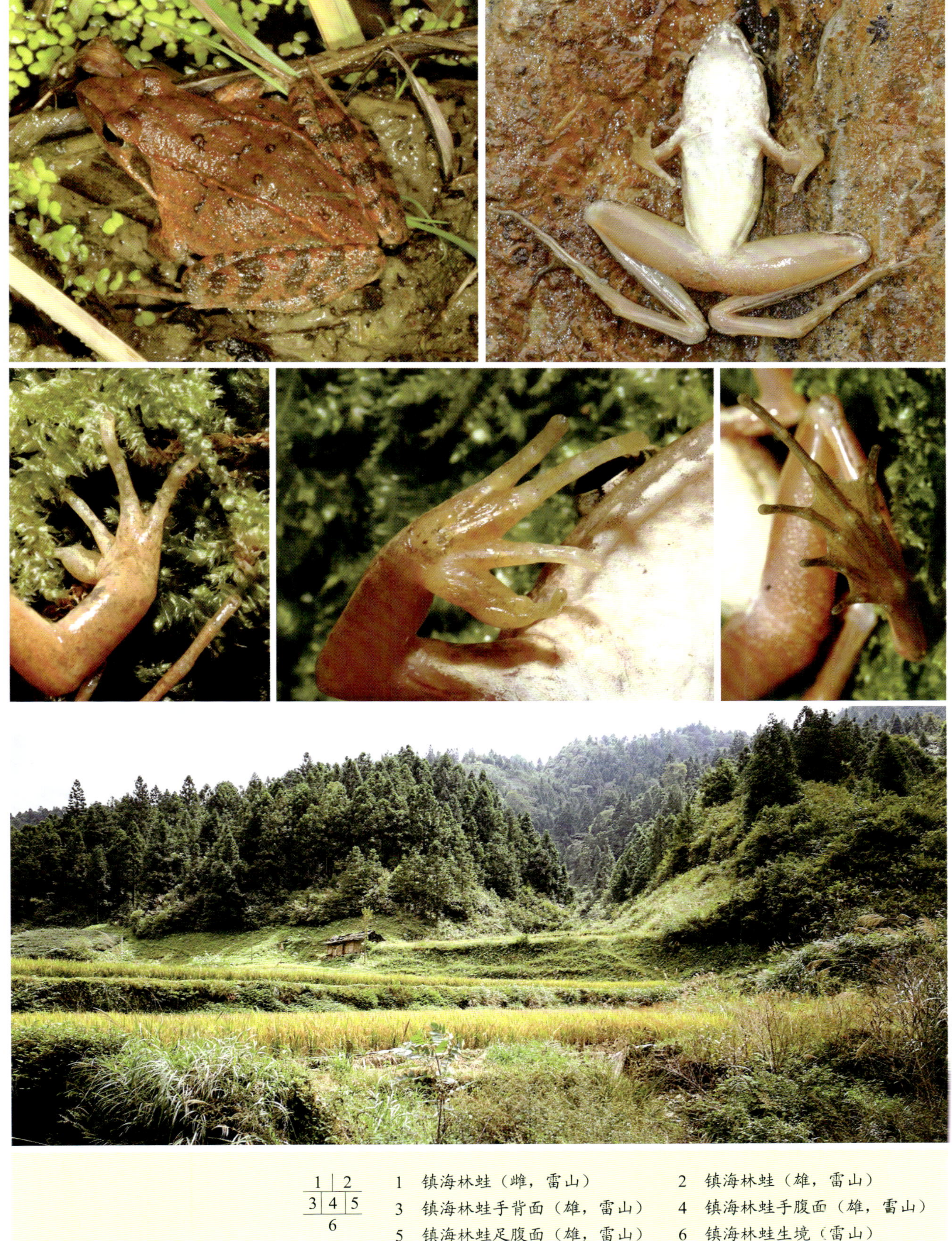

1	2	
3	4	5
	6	

1 镇海林蛙（雌，雷山） 2 镇海林蛙（雄，雷山）
3 镇海林蛙手背面（雄，雷山） 4 镇海林蛙手腹面（雄，雷山）
5 镇海林蛙足腹面（雄，雷山） 6 镇海林蛙生境（雷山）

蛙科 Ranidae Batsch, 1796

蛙属 *Rana* Linnaeus, 1758

59 徂徕林蛙

Rana culaiensis Li, Lu and Li, 2008

【英 文 名】

Culai Brown Frog

【鉴别特征】

雄蛙体长48.5—59.1mm，雌蛙体长62.0mm；雄蛙头长略大于头宽，雌蛙头长略小于头宽；吻端圆，突出于下唇；吻棱明显；鼓膜圆形，直径约为眼径的2/3；背侧褶细窄在颞部上方略向外侧弯曲；后肢较长，贴体前伸时，胫跗关节几乎达到鼻孔，左右跟部重叠。

【生态资料】

该蛙生活于海拔630—900m的山区。繁殖季节在12月至翌年4月，繁殖期间常群集在丘陵、山边的水坑、水沟和农田或雨后的临时积水等静水域及其附近。

【地理分布】

中国特有种。贵州分布于黄平。国内其他分布区有重庆、湖北、山东、河南、湖南、广西。

【种群状态】

野外种群数量较多且分布广泛。受胁等级为无危（LC）。

徂徕林蛙（雄，黄平）

1	2
3	4
5	6

1/2/3　徂徕林蛙（雄，黄平）
4　徂徕林蛙足腹面（雄，黄平）
5　徂徕林蛙手腹面（雄，黄平）
6　徂徕林蛙生境（黄平）

蛙科 Ranidae Batsch, 1796

蛙属 *Rana* Linnaeus, 1758

60 威宁蛙

Rana weiningensis Liu, Hu and Yang, 1962

【英 文 名】

Weining Frog

【鉴别特征】

体形小，雄蛙体长35mm，雌蛙体长40mm左右；后肢细长，贴体前伸达鼻孔和吻端之间；趾端略膨大呈小吸盘，有腹侧沟；趾间蹼缺刻深，第四趾蹼仅达远端关节下瘤；有跗褶；雄蛙无声囊。

【生态资料】

生活于海拔1700—2950m的山溪或河岸边灌丛或草丛中。白天成蛙蹲在溪边石上或岸边。蝌蚪多生活于洄水凼内落叶下或溪边石缝内或流沙上。5—6月，在各地均可发现发育后期的蝌蚪、变态期蝌蚪和新成蛙，此期未见卵群和小蝌蚪。繁殖季节为2月。

【地理分布】

中国特有种。贵州分布于威宁。国内其他分布区有四川、云南。

【种群状态】

种群数量较小。受胁等级为近危（NT）。

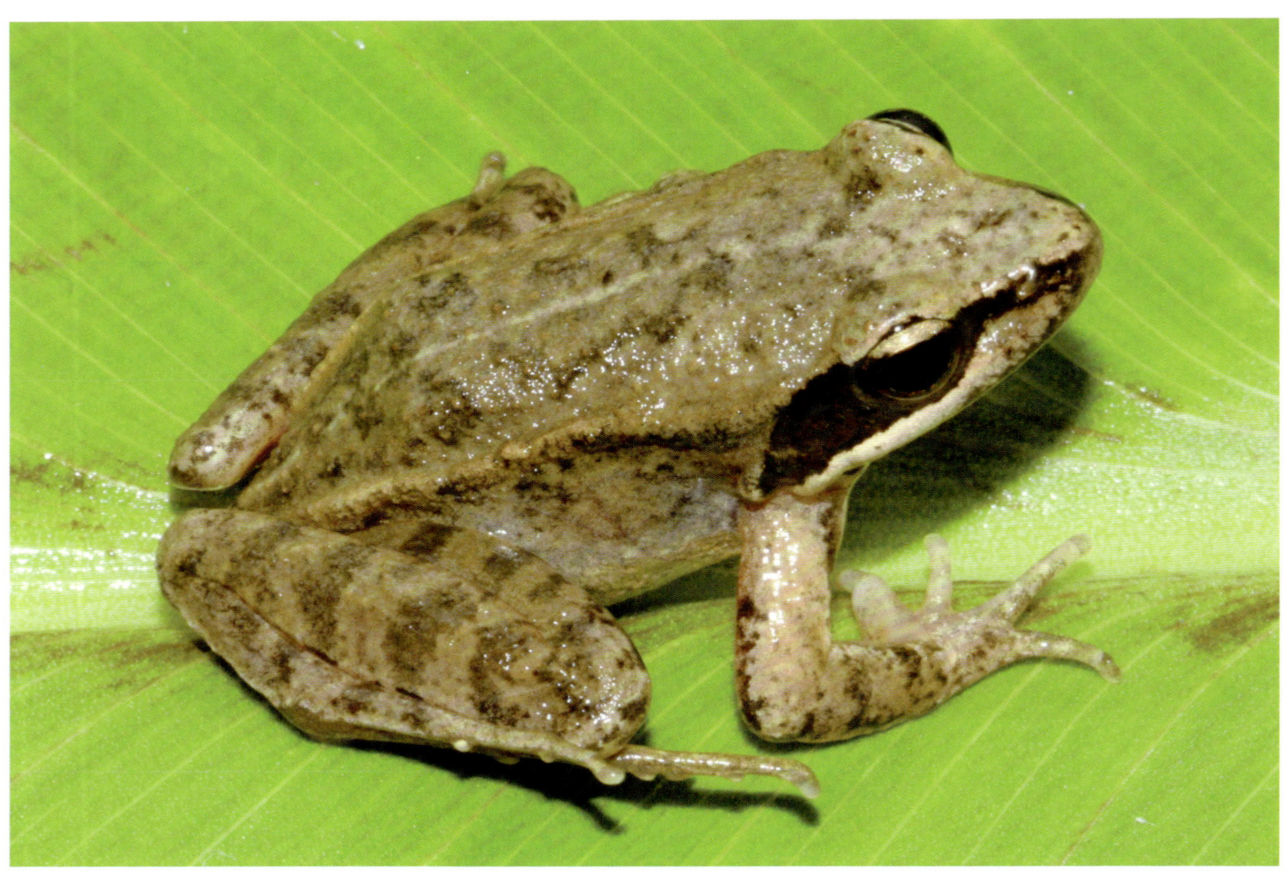

威宁蛙（雄，威宁）

1	2
3	4
5	6

1 威宁蛙（雄，威宁） 2 威宁蛙（雌，威宁）
3 威宁蛙手背面（雄，威宁） 4 威宁蛙足腹面（雄，威宁）
5 威宁蛙手腹面（雄，威宁） 6 威宁蛙生境（威宁）

蛙科 Ranidae Batsch, 1796

侧褶蛙属 *Pelophylax* Fitzinger, 1843

61 黑斑侧褶蛙

Pelophylax nigromaculatus Hallowell, 1860

【英 文 名】

Black-spotted Pond Frog

【鉴别特征】

雄蛙体长49—70mm，雌蛙体长76—85mm；背侧褶间有数行长短不一的肤褶；雄蛙有1对颈侧外声囊，肩上方无扁平腺体；生活时体背面颜色多样，有淡绿色、黄绿色、深绿色、灰褐色等颜色，杂有许多大小不一的黑斑纹；如果体色较深，则黑斑不明显，多数个体自吻端至肛前缘有淡黄色或淡绿色的脊线纹；背侧褶呈金黄色、浅棕色或黄绿色。

【生态资料】

生活于海拔150—200m的丘陵、山区，常见于水田、池塘、湖泽、水沟等静水或流水缓慢的河流及附近草丛中。繁殖季节在4—6月。

【地理分布】

贵州分布于绥阳、正安、仁怀、赤水、江口、印江、德江、松桃、毕节、金沙、雷山、贵定、榕江、务川、遵义、安顺、荔波、黄平。国内其他分布区有除新疆、西藏、青海、台湾、海南外的各省（区）；国外分布于俄罗斯、日本及朝鲜半岛。

【种群状态】

种群数量较多。受胁等级为近危（NT）。

黑斑侧褶蛙（雄，荔波）

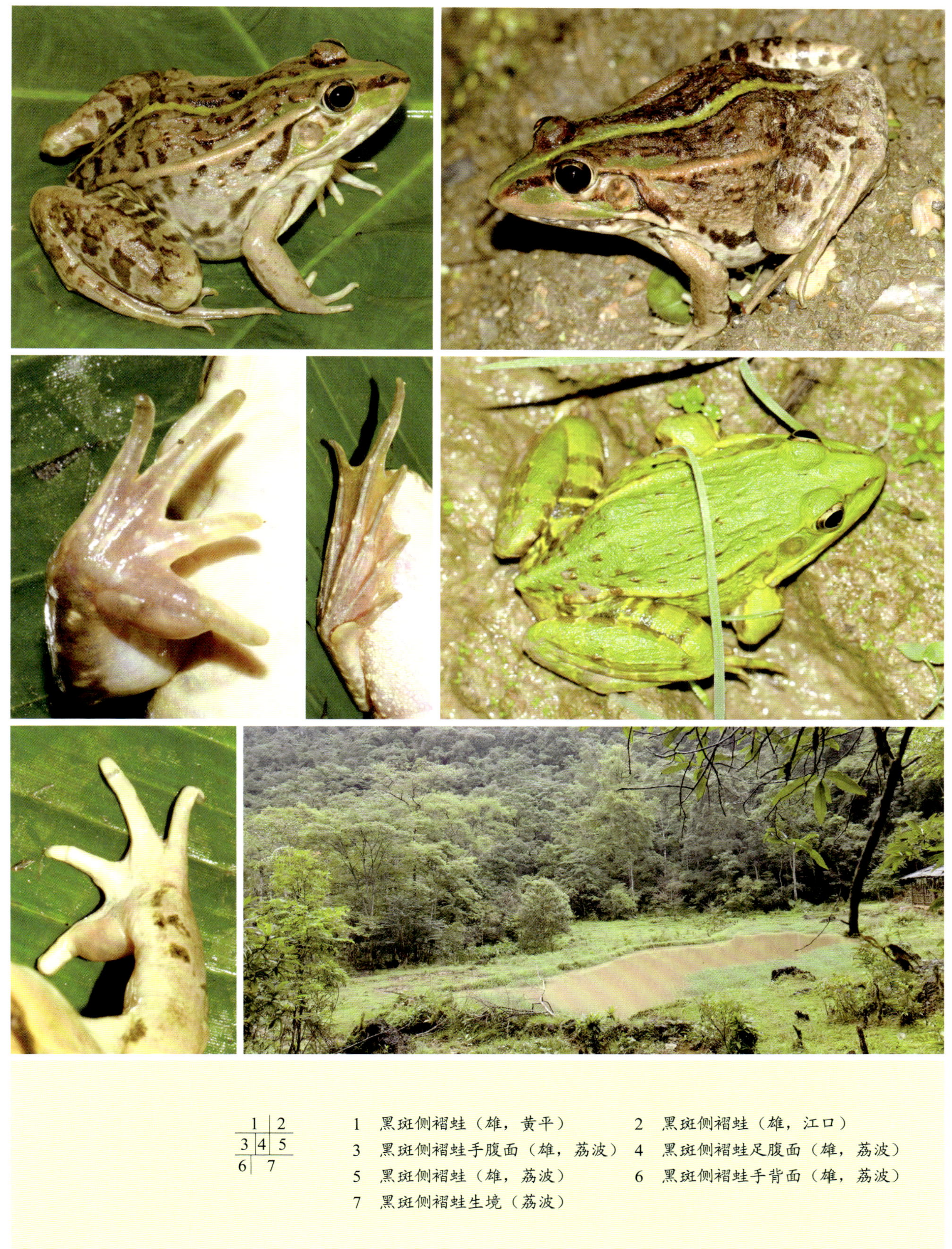

1	2
3 4	5
6	7

1　黑斑侧褶蛙（雄，黄平）　2　黑斑侧褶蛙（雄，江口）
3　黑斑侧褶蛙手腹面（雄，荔波）　4　黑斑侧褶蛙足腹面（雄，荔波）
5　黑斑侧褶蛙（雄，荔波）　6　黑斑侧褶蛙手背面（雄，荔波）
7　黑斑侧褶蛙生境（荔波）

蛙科 Ranidae Batsch, 1796

水蛙属 *Hylarana* Tschudi, 1838

62 沼水蛙

Hylarana guentheri Boulenger, 1882

【英 文 名】

Guenther's Frog

【鉴别特征】

雄蛙体长59—82mm，雌蛙体长75—86mm；指端钝圆，不膨大，腹侧无沟；趾端钝圆，有腹侧沟；雄蛙前肢基部有肱腺；有1对咽侧下外声囊。蝌蚪体背面、腹面均无腺体。唇齿式为Ⅰ：1+1/1+1：Ⅱ或Ⅰ：1+1/Ⅲ。

【生态资料】

生活于海拔1200m以下的平原、丘陵及山区，多活动于静水塘和稻田内。繁殖季节在6—7月。

【地理分布】

贵州分布于江口、印江、松桃、仁怀、桐梓、绥阳、赤水、德江、贵定、荔波、雷山、榕江、望谟、罗甸、毕节、金沙、贵阳、道真、沿河、思南、金沙、长顺。国内其他分布区有河南、四川、重庆、云南、广西、湖北、安徽、湖南、江西、江苏、上海、浙江、福建、台湾、广东、香港、澳门、海南。国外分布于越南、老挝。

【种群状态】

种群数量多。受胁等级为近危（NT）。

沼水蛙（雄，罗甸）

1 沼水蛙（雄，长顺） 2 沼水蛙（雌，长顺）
3 沼水蛙足腹面（雄，长顺） 4 威宁蛙生境（罗甸）
5 沼水蛙手腹面（雄，长顺） 6 沼水蛙手背面（雄，长顺）

蛙科 Ranidae Batsch, 1796

水蛙属 *Hylarana* Tschudi, 1838

63 阔褶水蛙

Hylarana latouchii Boulenger, 1899

【英 文 名】

Broad-folded Frog

【鉴别特征】

雄蛙体长38—41mm，雌蛙体长49—51mm；皮肤粗糙，整个背部具稠密的刺粒；体背侧褶宽厚，其最大宽度大于或等于上眼睑宽；颌腺大而明显。

【生态资料】

生活于海拔400—1200m山区的水田及静水塘中。繁殖季节在4—5月。

【地理分布】

中国特有种。贵州分布于荔波、雷山。国内其他分布区有广西、安徽、江苏、浙江、江西、湖南、湖北、福建、台湾、广东、香港。

【种群状态】

种群数量较多。受胁等级为无危（LC）。

阔褶水蛙（雄，荔波）

1		2
3	4	5
6		7

1/2 阔褶水蛙（雌，荔波）
3 阔褶水蛙足腹面（雄，荔波）
4 阔褶水蛙手背面（雄，荔波）
5 阔褶水蛙手腹面（雄，荔波）
6 阔褶水蛙生境（荔波）
7 阔褶水蛙（雄，荔波）

蛙科 Ranidae Batsch, 1796

水蛙属 *Hylarana* Tschudi, 1838

64 台北纤蛙

Hylarana taipehensis Van Denburgh, 1909

【英 文 名】

Taipei Slender Frog

【鉴别特征】

体小而细长，雄蛙体长27—30mm，雌蛙体长36—41mm；吻长而尖；后肢贴体前伸时，胫跗关节达鼻孔或鼻眼之间；体背侧褶呈金黄色，其间绿色；背部有1对细纵线纹。

【生态资料】

生活于海拔80—580m的稻田、水塘及水沟附近草丛中。繁殖季节在5—7月。

【地理分布】

贵州分布于黔东南雷山、从江、榕江等地。国内其他分布区有云南、广西、福建、台湾、广东、香港、海南。国外分布于老挝、越南、柬埔寨。

【种群状态】

种群数量一般。建议受胁等级为无危（LC）。

台北纤蛙（雄，雷山）

1	2	
3	4	
	5	6

1 台北纤蛙（雌，雷山）
2 台北纤蛙（雄，雷山）
3 台北纤蛙生境（雷山）
4 台北纤蛙足腹面（雄，从江）
5 台北纤蛙手腹面（雄，从江）
6 台北纤蛙手背面（雄，从江）

蛙科 Ranidae Batsch, 1796

琴蛙属 *Nidirana* Dubois, 1992

65 仙琴蛙

Nidirana daunchina Chang, 1933

【英 文 名】

Emei Music Frog

【鉴别特征】

体形较大，雄蛙体长41.5—51.0mm，雌蛙体长44.0—53.0mm；趾蹼较弱，第四趾外侧蹼仅达近端关节下瘤；指端腹侧一般无沟，趾端腹侧具沟明显；雄蛙繁殖期第一指具灰色婚垫。

【生态资料】

生活于海拔1000—1800m的山区沼泽地的水坑或水塘。成蛙白昼隐藏在土穴、石缝或草丛中，夜晚鸣叫，音调类似“噔、噔、噔、噔”，每次3—4声。繁殖盛期为5—6月，在静水坑塘边筑造圆形泥窝，卵产在湿润的泥窝内。

【地理分布】

中国特有种。贵州分布于赤水。国内其他分布区有四川、重庆、云南。

【种群状态】

种群数量较多。受胁等级为无危（LC）。

仙琴蛙（雄）

1 | 2
3 | 4 | 5
6

1/2 仙琴蛙（雄，赤水）
3 仙琴蛙手背面（雄，赤水）
4 仙琴蛙手腹面（雄，赤水）
5 仙琴蛙足腹面（雄，赤水）
6 仙琴蛙生境（赤水）

蛙科 Ranidae Batsch, 1796

琴蛙属 *Nidirana* Dubois, 1992

66 雷山琴蛙

Nidirana leishanensis Li, Wei, Xu, Cui, Fei, Jiang, Liu and Wang, 2019

【英 文 名】

Leishan Music Frog

【鉴别特征】

体形较大，雄蛙体长49.5—56.4mm，雌蛙体长43.7—55.3mm；指、趾均有腹侧沟；指式为Ⅱ＜Ⅳ＜Ⅰ＜Ⅲ；后肢贴体前伸时，胫跗关节达鼻眼之间；雄蛙具1对内声囊，繁殖期第一指、第二指具婚垫。

【生态资料】

生活在雷公山国家级自然保护区海拔650—1300m的水田及沟渠附近。

【地理分布】

中国特有种。贵州分布于雷山、黄平、从江、三都。国内其他分布区有广西、湖南。

【种群状态】

种群数量较大且分布广泛。受胁等级为无危（LC）。

雷山琴蛙（雄，雷山）

1		2
3	4	5
		6
7	8	

1/2 雷山琴蛙（雄，雷山） 3 雷山琴蛙手背面（雄，雷山）
4 雷山琴蛙足腹面（雄，雷山） 5 雷山琴蛙腹面（蝌蚪，雷山）
6 雷山琴蛙侧面（蝌蚪，雷山） 7 雷山琴蛙手腹面（雄，雷山）
8 雷山琴蛙生境（雷山）

蛙科 Ranidae Batsch, 1796

琴蛙属 *Nidirana* Dubois, 1992

67 滇蛙

Nidirana pleuraden Boulenger, 1904

【英 文 名】

Yunnan Pond Frog

【鉴别特征】

体长约55mm，最大的雌蛙体长可达66mm；后肢贴体前伸时，胫跗关节达眼或略超过；蹼明显但不达趾端，外侧3趾的蹼均达第二关节下瘤，第三趾内侧及第一趾、第二趾的蹼达趾的第一关节下瘤；雄蛙前肢较粗壮，第一指有灰色婚垫；体背侧有雄性线；雄蛙有肩上腺，有1对咽侧下外声囊。

【生态资料】

生活在海拔1150—2300m山区低洼地的水塘、水沟、水稻田内。成蛙以多种昆虫及其他小动物为食。繁殖期雌蛙产卵600多粒，分多次产出，小卵群黏附在浅水处的水草茎叶上。蝌蚪多在水底游动，以藻类、植物叶片、腐物为食。繁殖季节为6—7月。

【地理分布】

中国特有种。贵州分布于威宁、水城、赫章、安龙、兴义、普安、盘州。国内其他分布区有四川、云南。

【种群状态】

种群数量大。受胁等级为无危（LC）。

滇蛙（雄，普安）

1	2
3 4	5
6	7 / 8

1/2 滇蛙（雄，安龙）
3 滇蛙手背面（雄，安龙）
4 滇蛙手腹面（雄，安龙）
5 滇蛙足面（雄，安龙）
6 滇蛙生境（安龙）
7/8 滇蛙（蝌蚪，盘州）

蛙科 Ranidae Batsch, 1796

琴蛙属 *Nidirana* Dubois, 1992

68 叶氏琴蛙

Nidirana yeae Wei, Li, Liu, Cheng, Xu and Wang, 2020

【英 文 名】

Ye's Music Frog

【鉴别特征】

体形中等，雄蛙体长41.2—43.5mm，雌蛙体长44.7mm；指无腹侧沟；趾有腹侧沟；左右跟部重叠；后肢贴体前伸时，胫跗关节达眼；雄性具1对内声囊；雄性繁殖期第一指具婚垫。蝌蚪唇齿式为Ⅰ：1+1/1+1：Ⅱ。

【生态资料】

生活在海拔1170m左右的水田及水塘中。5—8月可听到其鸣叫。

【地理分布】

贵州特有种。贵州分布于桐梓。

【种群状态】

种群数量较小且分布狭窄。受胁等级为无危（LC）。

叶氏琴蛙（雄，桐梓）

1	2
3	5
	6
4	7

1 叶氏琴蛙（雄，桐梓） 2 叶氏琴蛙（雄，桐梓）
3 叶氏琴蛙手背面（雄，桐梓） 4 叶氏琴蛙足腹面（雄，桐梓）
5 叶氏琴蛙足腹面（雄，桐梓） 6 叶氏琴蛙生境（桐梓）
7 叶氏琴蛙蝌蚪（桐梓）

蛙科 Ranidae Batsch, 1796

臭蛙属 *Odorrana* Fei, Ye and Huang, 1990

69 云南臭蛙

Odorrana yunnanensis Anderson, 1879

【英 文 名】

Yunnan Odorous Frog

【鉴别特征】

雄蛙体长约71mm左右，雌蛙体长约100mm；头部扁平，头长大于头宽或几乎相等；吻长大于眼径，吻端钝圆略尖，略超出下唇；后肢贴体前伸时，胫跗关节达鼻孔至吻端或略超过；指端不膨大或略膨大成小吸盘，第三指吸盘不宽或略宽于其基部指节；指端有小吸盘或不明显，有腹侧沟（少数指、趾单侧或双侧无沟）；两侧沟在指、趾端不连接，相距远；雄蛙第一指绒毛状婚垫发达；繁殖期间胸部有2个三角形的白色刺团，呈“8”字形；有1对咽侧内声囊；腹后部无大斑。

【生态资料】

生活于海拔1600—2000m的林区。成体多栖息在森林较为茂密阴郁的中大型山溪内，水流较为湍急，环境阴湿，溪内石块和岸边崖石上均长有苔藓。

【地理分布】

贵州分布于毕节、务川、织金。国内其他分布区有云南、广西。国外分布于缅甸、越南。

【种群状态】

种群数量较小。受胁等级为易危（VU）。

云南臭蛙（雄，织金）

1	2
3	4
5	6

1/2 云南臭蛙（雄，织金） 3 云南臭蛙足腹面（雄，织金）
4 云南臭蛙手背面（雄，织金） 5 云南臭蛙手腹面（雄，织金）
6 云南臭蛙生境（织金）

蛙科 Ranidae Batsch, 1796

臭蛙属 *Odorrana* Fei, Ye and Huang, 1990

70 安龙臭蛙

Odorrana anlungensis Liu and Hu, 1973

【英 文 名】

Anlung Odorous Frog

【鉴别特征】

体形较小，雄蛙体长34—38mm，雌蛙体长59—69mm；后肢贴体前伸时，胫跗关节达鼻孔；无背侧褶；趾间蹼凹陷深，第四趾蹼达远端第二关节下瘤；雄蛙具1对咽侧下外声囊，背面雄性腺明显；生活时背面及体侧均呈绿色，在疣粒部位有不规则棕褐色斑；腹面呈灰白色并有灰褐色云斑。

【生态资料】

生活于海拔1200—1350m的溪流内，溪流两旁植物茂盛。繁殖季节可能在5—7月。

【地理分布】

中国特有种。贵州分布于安龙。国内其他分布区有广西。

【种群状态】

种群数量少。受胁等级为濒危（EN）。

安龙臭蛙（雌，安龙）

1 | 2
3

1/2 安龙臭蛙（雌，安龙）
3 安龙臭蛙生境（安龙）

蛙科 Ranidae Batsch, 1796

臭蛙属 *Odorrana* Fei, Ye and Huang, 1990

71 无指盘臭蛙

Odorrana grahami Boulenger, 1917

【英 文 名】

Diskless-fingered Odorous Frog

【鉴别特征】

无背侧褶；指端无腹侧沟；指末端浑圆而厚，不形成明显的吸盘；鼓膜较大；雄蛙具1对咽侧下内声囊，胸腹部均有小白刺。

【生态资料】

生活于海拔1720—3200m的高山中小型山溪内，溪内水凼较多，两旁长有杂草和稀疏灌丛，植被不甚丰茂，溪水清凉。成蛙白昼隐伏在岸边大石隙间或溪边草丛中，有时栖于岸边仅露出头部，受惊后跳入水凼内潜伏到深水石下。繁殖季节在6月。卵群附着在水凼内水深约40cm的大石块底面，卵团大小为199mm×144mm。蝌蚪底栖，常在石下或腐叶层下活动。

【地理分布】

贵州分布于兴义、威宁、水城。国内其他分布区有四川、云南、广西。国外分布于越南。

【种群状态】

种群数量较多。受胁等级为近危（NT）。

无指盘臭蛙（雄，威宁）

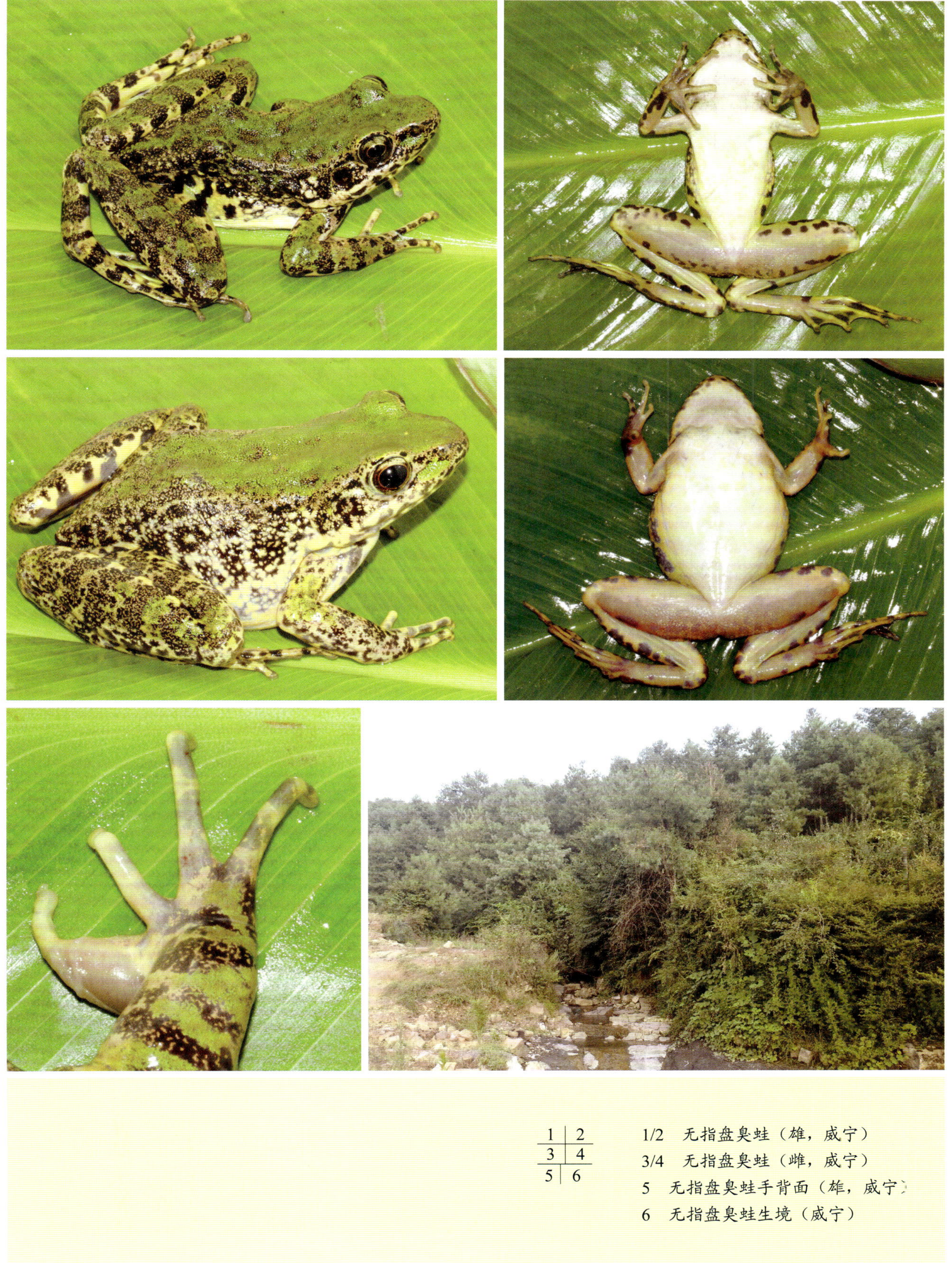

1	2
3	4
5	6

1/2　无指盘臭蛙（雄，威宁）
3/4　无指盘臭蛙（雌，威宁）
5　无指盘臭蛙手背面（雄，威宁）
6　无指盘臭蛙生境（威宁）

蛙科 Ranidae Batsch, 1796

臭蛙属 *Odorrana* Fei, Ye and Huang, 1990

72 大绿臭蛙

Odorrana graminea Boulenger, 1899

【英 文 名】

Large Odorous Frog

【鉴别特征】

雄蛙体长44—49mm，雌蛙体长77—95mm；雌蛙成体明显大于雄蛙；上唇缘无锯齿状突；背侧褶较宽而不十分明显；雄蛙咽侧有1对外声囊，体背面纯绿色。

【生态资料】

生活于海拔300—1200m的森林茂密的大中型山溪内及其附近。繁殖季节在5—7月。

【地理分布】

贵州分布于江口、雷山、兴义、赤水、开阳、荔波。国内其他分布区有陕西、四川、云南、广西、浙江、安徽、江西、湖南、福建、广东、香港、海南。国外分布于越南。

【种群状态】

种群数量多。受胁等级为无危（LC）。

大绿臭蛙（雄，赤水）

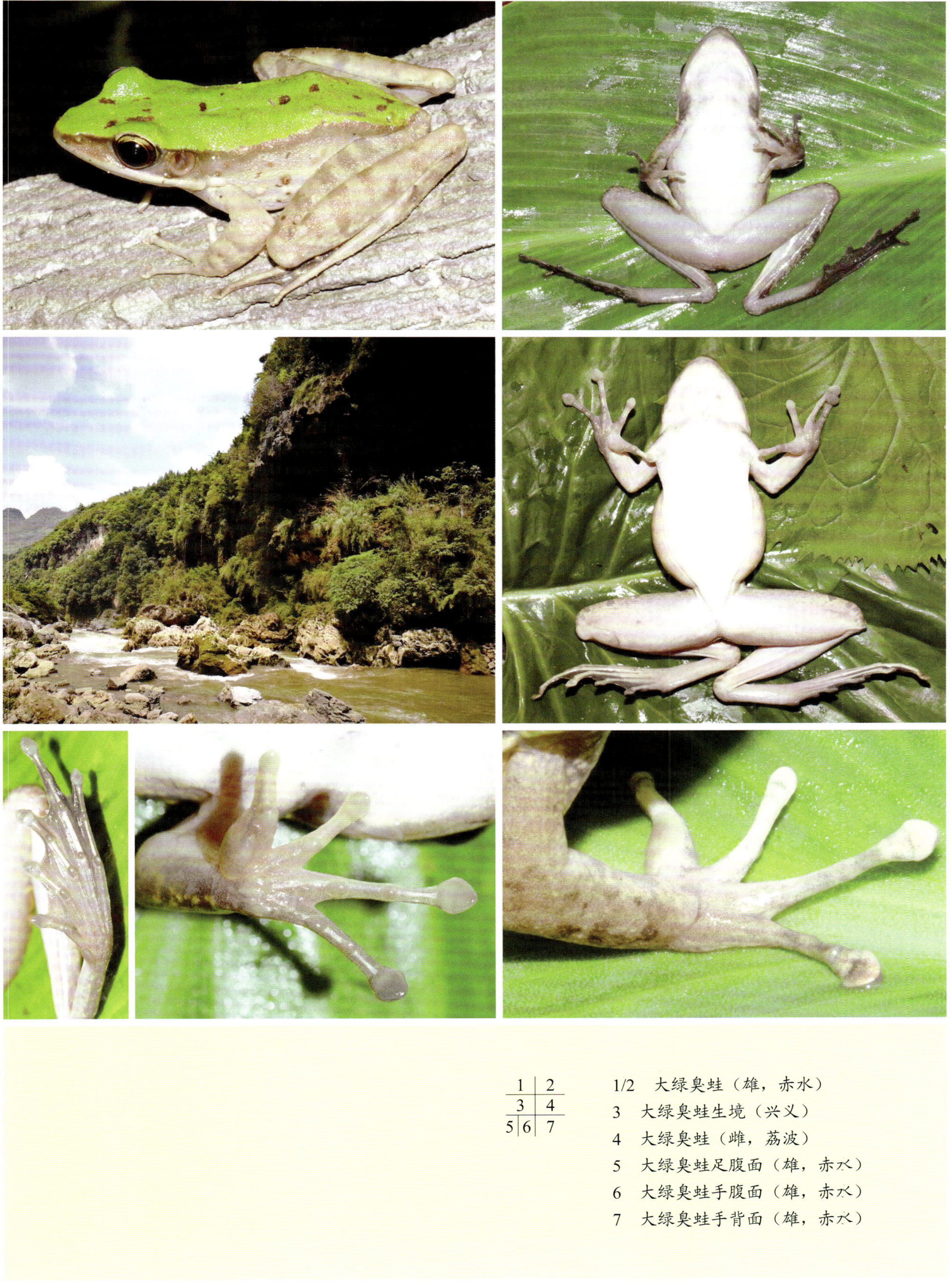

1	2
3	4
5 6	7

1/2 大绿臭蛙（雄，赤水）
3 大绿臭蛙生境（兴义）
4 大绿臭蛙（雌，荔波）
5 大绿臭蛙足腹面（雄，赤水）
6 大绿臭蛙手腹面（雄，赤水）
7 大绿臭蛙手背面（雄，赤水）

蛙科 Ranidae Batsch, 1796

臭蛙属 *Odorrana* Fei, Ye and Huang, 1990

73 合江臭蛙

Odorrana hejiangensis Deng and Yu, 1992

【英 文 名】

Hejiang Odorous Frog

【鉴别特征】

体形较大，雄蛙体长34—56mm，雌蛙体长86—88mm；无背侧褶；后肢贴体前伸时，胫跗关节达鼻眼之间；趾间全蹼，第四趾蹼达远端关节下瘤；雄蛙具1对咽侧下外声囊，无雄性腺，第一指基部有肉白色婚垫；体背面呈绿色，有深色斑，不呈圆形。

【生态资料】

生活于海拔450—1200m的山区。成蛙多栖于植被茂密，以常绿阔叶树种为主的环境阴湿的中型山溪中，白天隐蔽在岸边或水中石下，夜间在溪旁等处活动。4月的雌蛙腹内卵粒直径2mm，呈乳白色，已近临产。繁殖季节可能在4月下旬至5月中旬。

【地理分布】

中国特有种。贵州分布于习水、赤水。国内其他分布区有四川、重庆、广西。

【种群状态】

种群数量一般。受胁等级为近危（NT）。

合江臭蛙（雄，赤水）

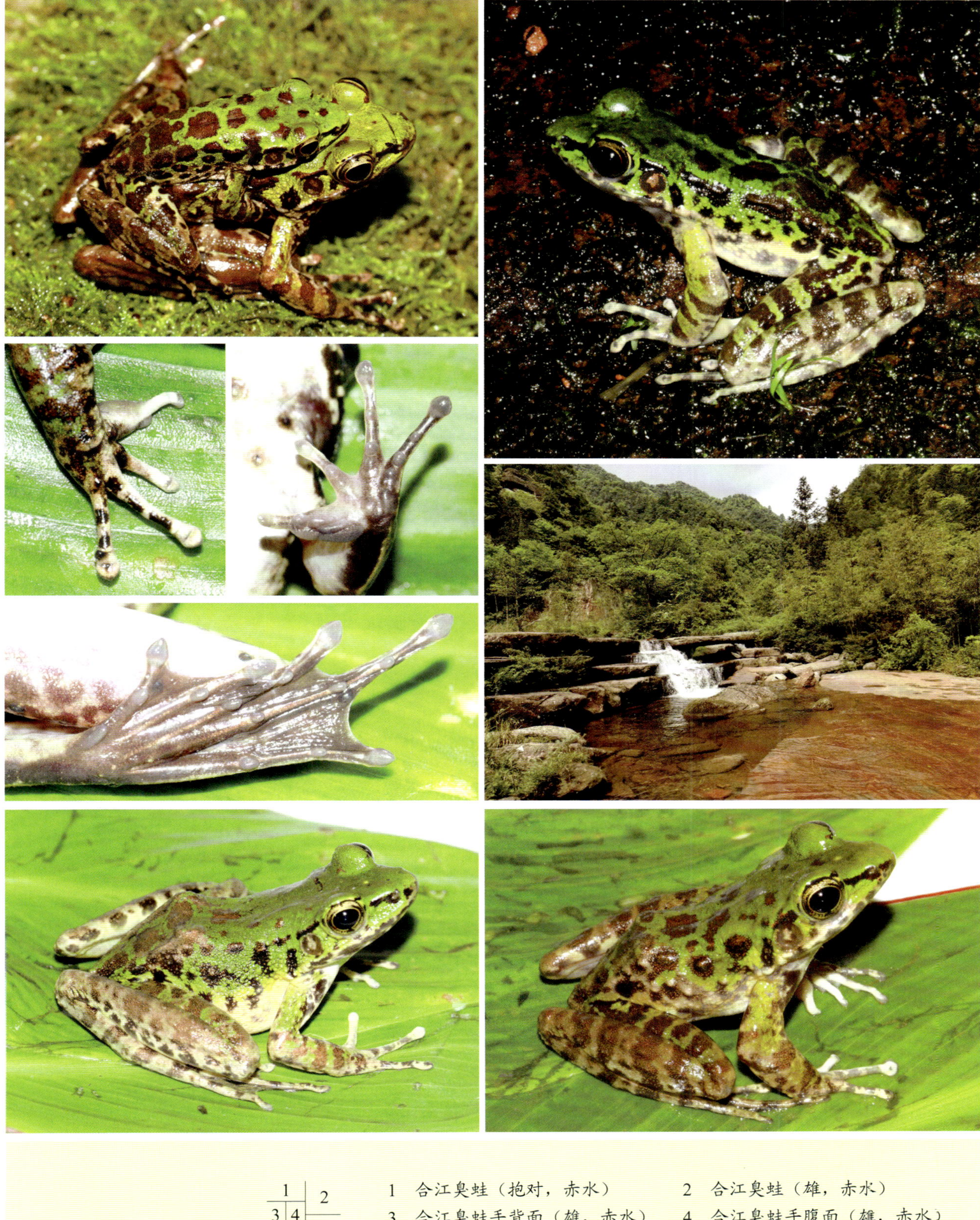

1	2
3 4	
5	6
7	8

1 合江臭蛙（抱对，赤水） 2 合江臭蛙（雄，赤水）
3 合江臭蛙手背面（雄，赤水） 4 合江臭蛙手腹面（雄，赤水）
5 合江臭蛙足腹面（雄，赤水） 6 合江臭蛙生境（习水）
7 合江臭蛙（雌，习水） 8 合江臭蛙（雄，习水）

蛙科 Ranidae Batsch, 1796

臭蛙属 *Odorrana* Fei, Ye and Huang, 1990

74 黄岗臭蛙

Odorrana huanggangensis Chen, Zhou and Zheng, 2010

【英 文 名】

Huanggang Odorous Frog

【鉴别特征】

雄蛙体长40.6—44.6mm，雌蛙体长82.4—91.1mm，雌雄体长之比2.1∶1；鼓膜大，直径约为眼径的2/3；无背侧褶；后肢贴体前伸时，胫跗关节达鼻孔；掌突3个；指、趾吸盘纵径大于横径，均有腹侧沟；第三指吸盘宽度不大于吸盘基部指节的1.5倍；趾间全蹼；雄性前臂粗壮；在繁殖季节，咽胸和腹部有细小白刺群；第一指婚垫乳白色；有一对咽侧下外声囊，背侧有粉白色雄性线；体和四肢背面黄绿色，头体背面密布规则椭圆形和卵圆形褐色斑，斑点周围无浅色边缘；唇缘有褐色横纹；股、胫部各有褐色横纹4—6条，股后方褐色斑大而密集；腹面白色无斑。

【生态资料】

生活于海拔200—800m的丘陵山区的大小流溪内。其环境植被茂盛、阴湿，溪水湍急或平缓。成蛙常栖息在溪边的石块或岩壁上，或隐于灌丛中。4月的雌蛙腹内卵径约0.76mm，在溪内未见雄蛙。7月的雌蛙腹内卵已成熟卵，卵径约2.6mm；此期雄蛙在溪内活动频繁，并发出“叽”“啾”的鸣声，由此推测该蛙的繁殖期可能在7—8月。

【地理分布】

中国特有种。贵州分布于江口、雷山、榕江、从江、天柱、剑河、三穗。国内其他分布区有福建、江西、广东、广西、湖南。

【种群状态】

种群数量较多。受胁等级为无危（LC）。

黄岗臭蛙（雄，雷山）

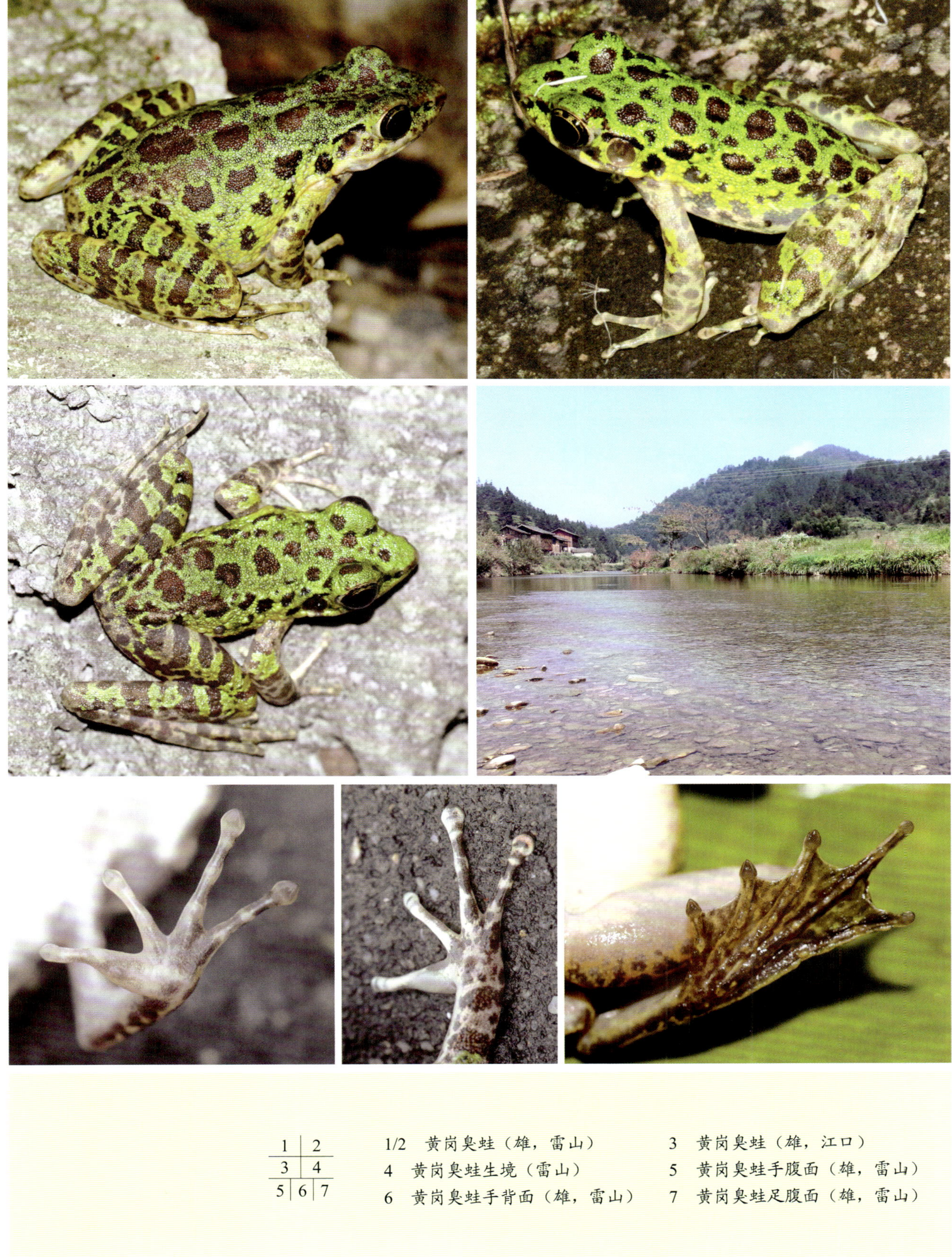

1	2	
3	4	
5	6	7

1/2　黄岗臭蛙（雄，雷山）　3　黄岗臭蛙（雄，江口）
4　黄岗臭蛙生境（雷山）　5　黄岗臭蛙手腹面（雄，雷山）
6　黄岗臭蛙手背面（雄，雷山）　7　黄岗臭蛙足腹面（雄，雷山）

蛙科 Ranidae Batsch, 1796

臭蛙属 *Odorrana* Fei, Ye and Huang, 1990

75 筠连臭蛙

Odorrana junlianensis Huang, Fei and Ye, 2001

【英 文 名】

Junlian Odorous Frog

【鉴别特征】

雄蛙体长76mm，雌蛙体长98mm；头部扁平，头长略大于头宽；吻长大于眼径；吻端钝圆，明显突出于下唇；左右指端吸盘较明显，具腹侧沟，两侧沟在指端相距较远，第三指吸盘宽为其后指节宽的1.3倍；第五趾略短于第三趾；无背侧褶；雄蛙具1对咽侧下内声囊；有雄性腺；繁殖季节雄蛙胸、腹部刺团呈“8”字形，刺粒细密；腹后部灰褐色大斑多。

【生态资料】

生活于海拔650—1150m的植被茂密的山溪内，以大中型溪流内较多。白天常隐蔽在水内石块下、石洞和土穴中，夜间主要在陆地上活动或觅食。该蛙在气温17℃、水温14℃时即在岸边3—10m的草丛中捕食，捕食多种昆虫以及螺类、蛞蝓、蚰蜒、蜘蛛类等。繁殖期5—9月，冬眠期为11月底至翌年2月底。

【地理分布】

中国特有种。贵州分布于毕节、大方、赫章、纳雍、黔西、兴义、务川。国内其他分布区有四川、云南。

【种群状态】

种群数量较大。受胁等级为易危（VU）。

筠连臭蛙（雄，毕节）

1	2
3	4
5	

1/2　筠连臭蛙（雄，筠连）
3/4　筠连臭蛙（雌，筠连）
5　筠连臭蛙生境（毕节）

蛙科 Ranidae Batsch, 1796

臭蛙属 *Odorrana* Fei, Ye and Huang, 1990

76 贵州臭蛙

Odorrana kweichowensis Li, Xu, Lv, Jiang, Wei and Wang, 2018

【英 文 名】

Guizhou Odorous Frog

【鉴别特征】

雄性体小，雄蛙体长36.2—43.3mm，雌蛙体长62.4—81.1mm；头长大于头宽；无背侧褶；雄性鼓膜直径为第三指末端指骨的2倍长；掌突2个；指尖具腹侧沟；指式为Ⅲ＞Ⅳ＞Ⅰ＞Ⅱ；后肢贴体时，前伸胫跗关节达鼻眼之间；趾满蹼；第一个指关节下瘤不明显；有白色的胸小刺，成对的咽侧下外声囊，雄性第一个手指上有淡黄色的婚垫；体背面布满醒目的近圆形的棕色大斑。

【生态资料】

栖息于海拔200—1200m、水温15—23℃的溪流边或田间地头河边，周围为常绿阔叶林。

【地理分布】

中国特有种。贵州分布于习水、仁怀、正安、绥阳、湄潭、金沙、大方、贵阳、息烽、都匀、丹寨、望谟、铜仁、石阡、思南、黄平、开阳。国内其他分布区有广西。

【种群状态】

种群数量大且分布广泛。受胁等级为近危（NT）。

贵州臭蛙（雄，都匀）

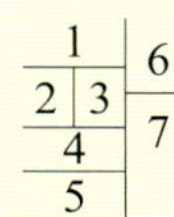

1 贵州臭蛙（雄，开阳）
2 贵州臭蛙手腹面（雄，金沙）
3 贵州臭蛙手背面（雄，金沙）
4 贵州臭蛙足腹面（雄，金沙）
5 贵州臭蛙生境（望谟）
6 贵州臭蛙（雄，黄平）
7 贵州臭蛙（雌，黄平）

蛙科 Ranidae Batsch, 1796

臭蛙属 *Odorrana* Fei, Ye and Huang, 1990

77 荔波臭蛙

Odorrana liboensis Luo, Wang, Xiao, Wang and Zhou, 2021

【英 文 名】

Libo Odorous Frog

【鉴别特征】

体形中等，雄蛙体长47.1—49.9mm，雌蛙体长55.8—58.2mm；鼓膜明显，直径大于眼径之半；无背侧褶；掌突2个；跖突1个；后肢贴体前伸时，胫跗关节达鼻眼之间；趾满蹼；雄性第一指具浅白色婚垫，无声囊；四肢背面具明显的棕黑色条纹；背面光滑草绿色，散布排列不规则的棕色斑纹；腹面光滑，无黑斑。

【生态资料】

生活于海拔645—728m的洞穴内。繁殖季节为6月下旬到8月中旬。

【地理分布】

贵州特有种。贵州分布于荔波。

【种群状态】

种群数量极少。建议受胁等级为易危（VU）。

荔波臭蛙（雄，荔波）

1	5
2	
3	6
4	

1/2 荔波臭蛙（雄，荔波） 3 荔波臭蛙足腹面（雄，荔波）
4 荔波臭蛙手背面（雄，荔波） 5 荔波臭蛙手腹面（雄，荔波）
6 荔波臭蛙生境（荔波）

蛙科 Ranidae Batsch, 1796

臭蛙属 *Odorrana* Fei, Ye and Huang, 1990

78 龙胜臭蛙

Odorrana lungshengensis Liu and Hu, 1962

【英 文 名】

Lungsheng Odorous Frog

【鉴别特征】

雄蛙体长60—67mm，雌蛙体长73—85mm；鼓膜与第三指吸盘几乎等大；指端有腹侧沟；后肢贴体前伸时胫跗关节达吻端；趾近全蹼；雄蛙具一对咽侧下外声囊，背侧有雄性腺，胸部、下唇缘及声囊内侧有小白刺，婚垫灰白色；无背侧褶；头体背面及前肢的皮肤均光滑；上眼睑、体背后部及后肢背面均有密集小白刺；生活时背面呈绿色，自吻端至体后端以及体两侧密布近圆形棕色大斑，腹面灰白色，咽喉及胸部满布棕色云斑。

【生态资料】

生活于海拔10C0—1500m的林区，多活动于山溪旁边的陡壁处。繁殖季节在6月至7月。

【地理分布】

中国特有种。贵州分布于雷山。国内其他分布区有广西、湖南。

【种群状态】

贵州境内种群数量稀少。受胁等级为近危（NT）。

龙胜臭蛙（雄，雷山）

1	2
3	4
5 6	7

1 龙胜臭蛙（雌，雷山） 2/7 龙胜臭蛙（雄，雷山）
3 龙胜臭蛙生境（雷山） 4 龙胜臭蛙足腹面（雄，雷山）
5 龙胜臭蛙手背面（雄，雷山） 6 龙胜臭蛙手腹面（雄，雷山）

蛙科 Ranidae Batsch, 1796

臭蛙属 *Odorrana* Fei, Ye and Huang, 1990

79 绿臭蛙

Odorrana margaretae Liu, 1950

【英 文 名】

Green Odorous Frog

【鉴别特征】

体形较大，雄蛙体长78—88mm，雌蛙体长93—113mm；鼓膜较小，直径约为眼径一半；后肢贴体前伸时，胫跗关节达吻端；雄蛙胸部只有一团小白刺，略成“△”形，无声囊，第一指婚垫发达；体背部呈深绿色无斑点，背部近后端及体侧呈棕色，散有黑点麻斑；胸部斑点较多，腹面呈浅米黄色散有黑色斑点。

【生态资料】

生活于海拔390—1650m的山区森林茂密的山溪内，常匍匐在湍溪流段长有苔藓植物的岩石上。繁殖期较长，从10月至翌年3月均有产卵者，但以12月左右为繁殖盛期。

【地理分布】

贵州分布于威宁、印江、江口、贵阳、安龙、兴义、贞丰、绥阳、仁怀、惠水、桐梓。国内其他分布区有甘肃、四川、重庆、湖北、湖南、广西、广东、山西。国外分布于越南。

【种群状态】

种群数量多。受胁等级为无危（LC）。

绿臭蛙（雄，绥阳）

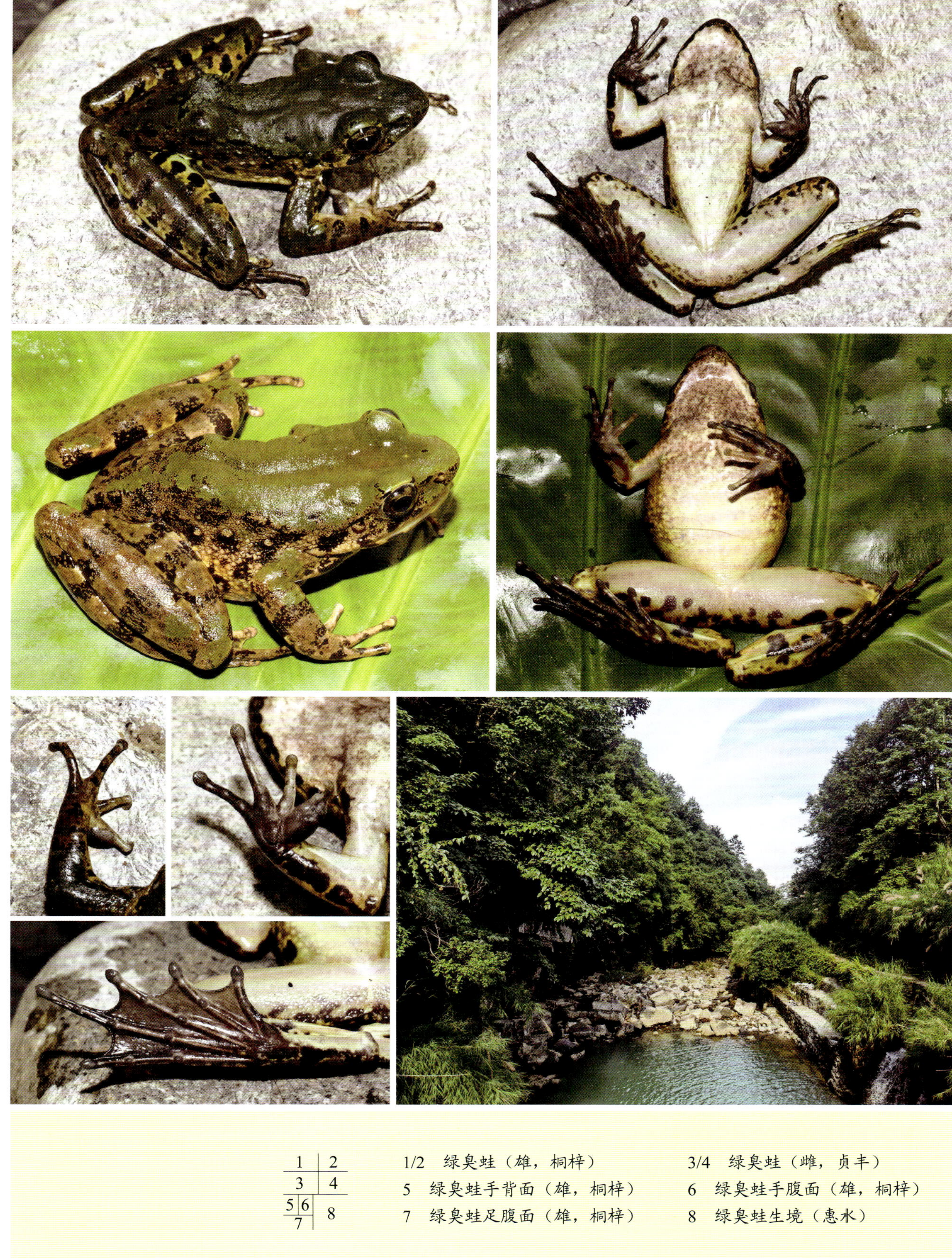

1	2
3	4
5 6 / 7	8

1/2　绿臭蛙（雄，桐梓）　3/4　绿臭蛙（雌，贞丰）
5　绿臭蛙手背面（雄，桐梓）　6　绿臭蛙手腹面（雄，桐梓）
7　绿臭蛙足腹面（雄，桐梓）　8　绿臭蛙生境（惠水）

蛙科 Ranidae Batsch, 1796

臭蛙属 *Odorrana* Fei, Ye and Huang, 1990

80 花臭蛙

Odorrana schmackeri Boettger, 1892

【英 文 名】

Piebald Odorous Frog

【鉴别特征】

雄蛙体长43—47mm，雌蛙体长76—85mm；后肢贴体前伸时，胫跗关节达眼与鼻孔之间或达鼻孔；鼓膜大，略为第三指吸盘的2倍；指具腹侧沟；掌突1个，无外掌突；趾间全蹼；雄蛙灰白色婚垫发达，具1对咽侧下外声囊；背侧有雄性腺，繁殖季节胸腹部具白色刺群；生活时体背部呈绿色，间以棕褐色大斑点，且多数大斑点近圆形并镶以浅色边；体腹面呈乳白色或浅黄色，咽喉部有灰褐色斑。

【生态资料】

生活于海拔250—900m的大小山溪内。繁殖季节在7—8月。

【地理分布】

贵州分布于松桃、印江。国内其他分布区有河南、重庆、广西、湖北、安徽、浙江、江西、湖南、福建、广东。国外分布于越南。

【种群状态】

种群数量较多。受胁等级为无危（LC）。

花臭蛙（抱对，松桃）

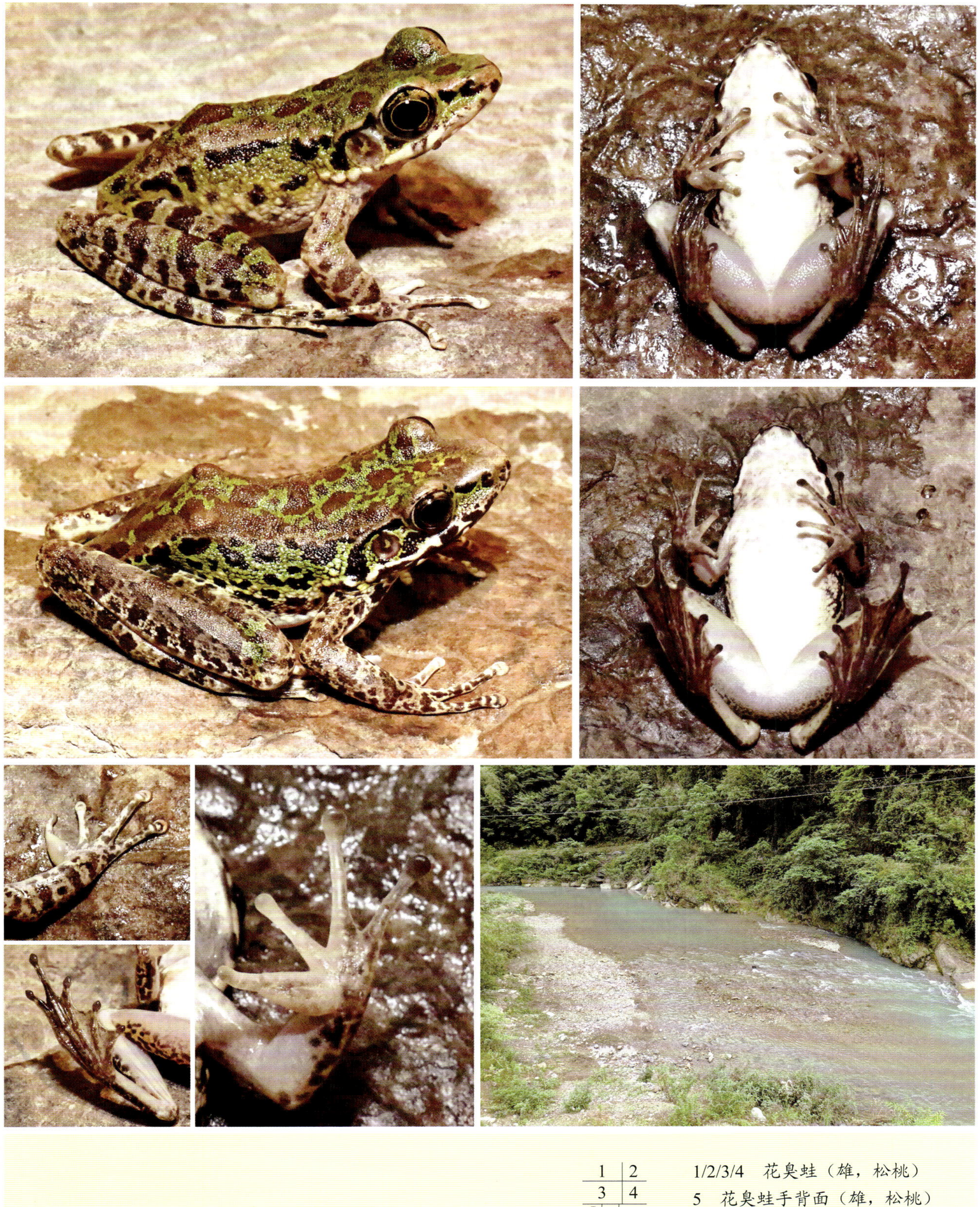

1	2
3	4
5 / 6	7	8

1/2/3/4 花臭蛙（雄，松桃）
5 花臭蛙手背面（雄，松桃）
6 花臭蛙足腹面（雄，松桃）
7 花臭蛙手腹面（雄，松桃）
8 花臭蛙生境（松桃）

蛙科 Ranidae Batsch, 1796

臭蛙属 *Odorrana* Fei, Ye and Huang, 1990

81 竹叶蛙

Odorrana versabilis Liu and Hu, 1962

【英 文 名】

Bamboo-leaf Frog

【鉴别特征】

体形大，雄蛙体长68—80mm，雌蛙体长71—87mm，雌雄体长差异小；吻部略呈盾形；上唇缘有锯齿状突；趾间近满蹼，蹼宽大凹陷甚浅，蹼的张度大，第一趾、第五趾外侧夹角大于90°；背侧褶平直而明显；雄性有内声囊；生活时背部呈棕色或绿色，呈棕色者散有稀疏不规则的绿色斑点；两眼间有一个小白点。

【生态资料】

生活于海拔400—1350m的林木繁茂、环境较为阴湿的山区溪流及其附近。繁殖季节在3月，成蛙在溪沟内大量出现。

【地理分布】

中国特有种。贵州分布于江口、雷山、从江、荔波。国内其他分布区有广西、安徽、江西、湖南、广东。

【种群状态】

种群数量较多。受胁等级为近危（NT）。

竹叶蛙（雄，荔波）

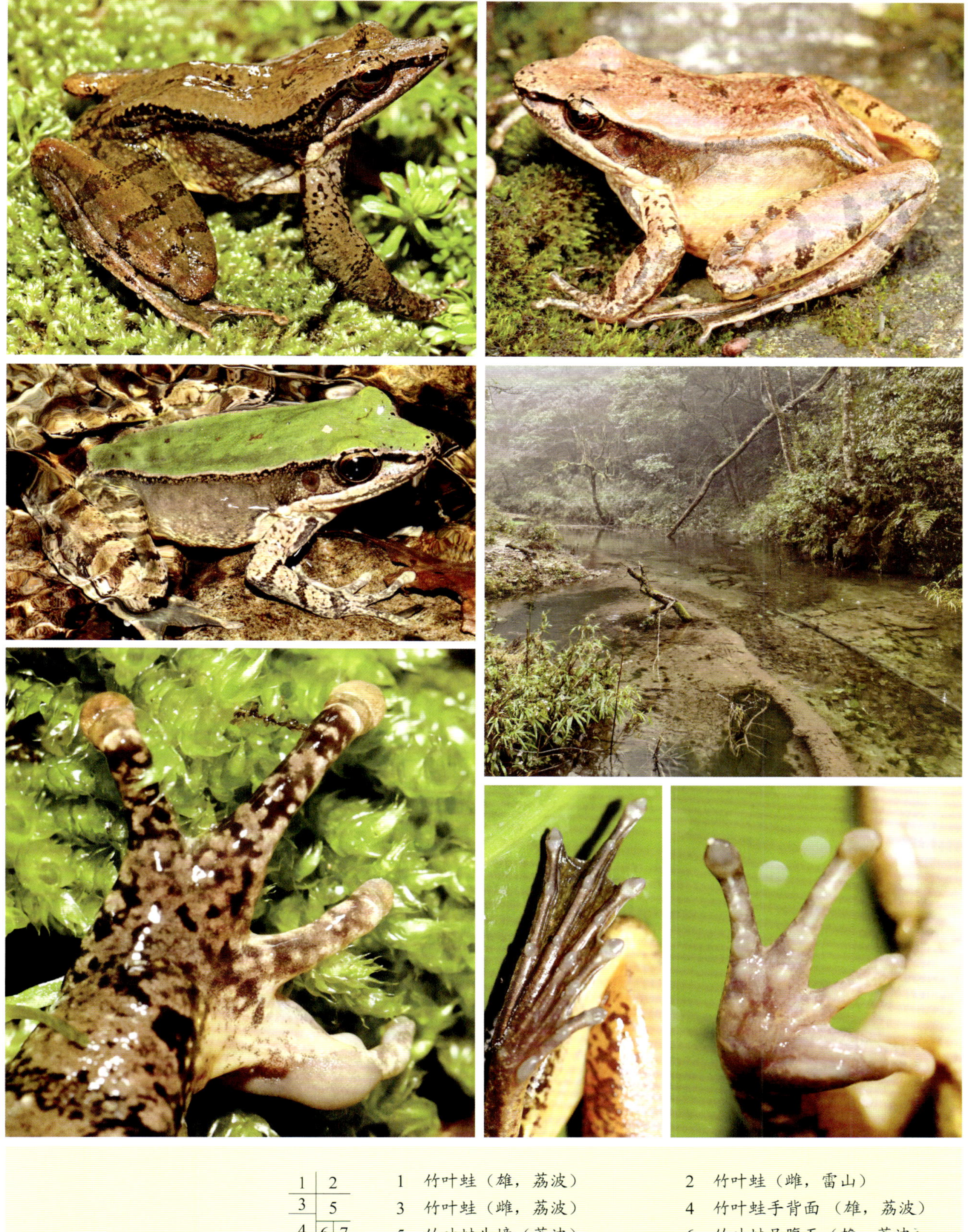

1	2
3	5
4	6 7

1 竹叶蛙（雄，荔波）
2 竹叶蛙（雌，雷山）
3 竹叶蛙（雌，荔波）
4 竹叶蛙手背面（雄，荔波）
5 竹叶蛙生境（荔波）
6 竹叶蛙足腹面（雄，荔波）
7 竹叶蛙手腹面（雄，荔波）

蛙科 Ranidae Batsch, 1796

臭蛙属 *Odorrana* Fei, Ye and Huang, 1990

82 务川臭蛙

Odorrana wuchuanensis Xu, 1983

【英 文 名】

Wuchuan Odorous Frog

【鉴别特征】

体形较大，雄蛙体长71—77mm，雌蛙体长75—90mm；鼓膜大，直径约为眼径的4/5；后肢贴体前伸时，胫跗关节达鼻孔；指、趾吸盘较大，趾间蹼缺刻较深，达第二关节下瘤；体背部呈绿色，并有分散的黑斑；体腹部布满深灰色大斑；趾间蹼无大花斑，仅具少量细小花纹；雄蛙第一指有淡橘黄色婚垫，无声囊，无雄性腺，胸部无刺团。

【生态资料】

栖息于海拔700m左右的山区溶洞内。繁殖季节可能在5—8月。

【地理分布】

中国特有种。贵州分布于务川、荔波。国内其他分布区有广西、湖北。

【种群状态】

国家二级保护野生动物。种群数量稀少。受胁等级为易危（VU）。

务川臭蛙（雄，荔波）

1 务川臭蛙（雄，荔波）
2 务川臭蛙手背面（雄，荔波）
3 务川臭蛙手腹面（雄，荔波）
4 务川臭蛙生境（荔波）
5 务川臭蛙足腹面（雄，荔波）

蛙科 Ranidae Batsch, 1796

臭蛙属 *Odorrana* Fei, Ye and Huang, 1990

83 宜章臭蛙

Odorrana yizhangensis Fei, Ye and Jiang, 2007

【英 文 名】

Yizhang Odorous Frog

【鉴别特征】

体形较小，雄蛙体长47.3—54.0mm，雌蛙体长58.2—71.5mm；无背侧褶；雄性鼓膜较大，约为第三指吸盘的2倍；后肢贴体前伸时，胫跗关节达吻端；趾间近全蹼；雄蛙具1对咽侧下外声囊，有雄性腺，前臂粗壮，体背无白色刺团，胸腹部有白色刺团，婚垫呈细颗粒状，不分团；体背面棕色斑大而密，形状不规则；腹面褐色，其上斑纹稀少；股后部色浅，深色斑明显。

【生态资料】

生活于海拔1000—1200m的常绿阔叶林区。6月的白天，该蛙多栖息在山溪内长有苔藓的石上或崖壁上，蛙体颜色常与环境类似。夜晚多蹲在大石头上。6月中下旬的雌蛙腹部丰满，其卵已进入输卵管内，有卵356粒左右；雄蛙胸、腹部多有白色刺群。繁殖季节为6—7月。

【地理分布】

中国特有种。贵州分布于江口、印江、桐梓、绥阳、都匀、施秉、荔波。国内其他分布区有湖北、湖南。

【种群状态】

种群数量一般。受胁等级为近危（NT）。

宜章臭蛙（雄，江口）

1	2
3	4
5 6 / 7	8

1　宜章臭蛙抱对（江口）　　2　宜章臭蛙（雌，都匀）
3　宜章臭蛙（雄，荔波）　　4　宜章臭蛙（雄，绥阳）
5　宜章臭蛙手腹面（雄，绥阳）　　6　宜章臭蛙手背面（雄，绥阳）
7　宜章臭蛙足腹面（雄，桐梓）　　8　宜章臭蛙生境照（绥阳）

蛙科 Ranidae Batsch, 1796

臭蛙属 *Odorrana* Fei, Ye and Huang, 1990

84 宜昌臭蛙

Odorrana ichangensis Chen, 2020

【英 文 名】

Yichang Odorous Frog

【鉴别特征】

雌性体长约为雄性2倍；雄性头长略大于头宽，雌性头长小于头宽；鼓膜显著，大于眼径1/2；眼大而突出；无背侧褶；后肢长，后肢贴体前伸时，胫跗关节达鼻孔；体背翠绿色或黄绿色，间以形状不规则、边界不清晰的黑褐色斑；唇部具小的黑色斑点；四肢背侧具深褐色横纹；指、趾吸盘均具腹侧沟；指序为III＞IV＞II＞I；趾间全蹼；雄性具1对咽侧下外声囊；雄性背部具浅粉色雄性线；雄性第一指内侧具灰白色婚垫；雌性及雄性腹面咽部、胸部、腹部、四肢以及上下颌缘密布细小白刺；雌性成熟卵乳黄色，卵直径约2.3mm。

【生态资料】

栖息于海拔246—1025m的山区溪流附近，植被以常绿阔叶林或落叶阔叶林为主。白天多伏于溪流岸边石缝下，傍晚后出现在潮湿岩壁上或平缓的溪流岸边。繁殖期时，雄蛙发出“啾……啾啾……”的求偶鸣叫声，声音尖锐，类似鸟鸣。繁殖季节为6月下旬至8月中旬，不同地理种群间存在一定差异。

【地理分布】

中国特有种。贵州分布于织金、关岭、桐梓、道真、务川。国内其他分布区有湖北、重庆、四川。

【种群状态】

种群数量一般。建议受胁等级为无危（LC）。

宜昌臭蛙（雌，关岭）

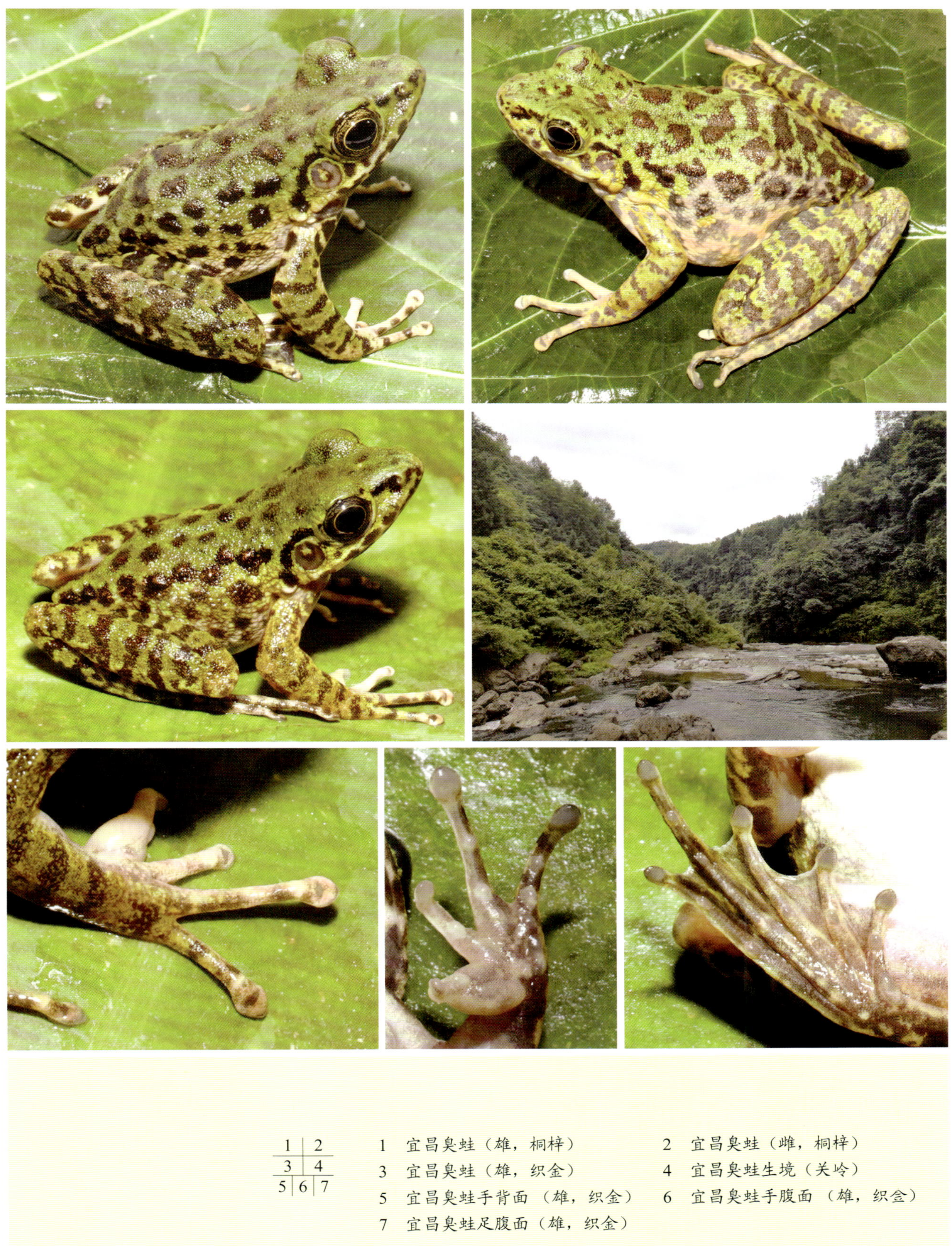

1	2	
3	4	
5	6	7

1 宜昌臭蛙（雄，桐梓）
2 宜昌臭蛙（雌，桐梓）
3 宜昌臭蛙（雄，织金）
4 宜昌臭蛙生境（关岭）
5 宜昌臭蛙手背面（雄，织金）
6 宜昌臭蛙手腹面（雄，织佥）
7 宜昌臭蛙足腹面（雄，织金）

蛙科 Ranidae Batsch, 1796

湍蛙属 *Amolops* Cope, 1865

85 钊琴湍蛙

Amolops chaochin Jiang, Ren, Lyu and Li, 2021

【英 文 名】

Zhaoqin Torrent Frog

【鉴别特征】

体形中等，雄蛙体长35.3—39.2mm，雌蛙体长50.5—54.4mm；鼓膜室明显，直径大于眼径的一半；下颌骨前内缘有小齿状起；指端有腹侧沟；体背侧和后肢背侧有白色小结节；雄蛙鼓膜后部有白色小瘤；趾蹼通过真皮缘达盘；有犁骨齿；背侧有横纹；雄性有外声囊。

【生态资料】

常栖于山区水流湍急的溪流的附近石头上。

【地理分布】

中国特有种。贵州分布于毕节、金沙、大方。国内其他分布区有四川、甘肃。

【种群状态】

种群数量较多。建议受胁等级为近危（NT）。

钊琴湍蛙（雄，金沙）

1	2
3	4
5	6

1 钊琴湍蛙（雄，大方）
2 钊琴湍蛙（雌，金沙）
3 钊琴湍蛙手背面（雄，金沙）
4 钊琴湍蛙手腹面（雄，金沙）
5 钊琴湍蛙足腹面（雄，金沙）
6 钊琴湍蛙生境（金沙）

蛙科 Ranidae Batsch, 1796

湍蛙属 *Amolops* Cope, 1865

86 崇安湍蛙

Amolops chunganensis Pope, 1929

【英 文 名】

Chungan Torrent Frog

【鉴别特征】

雄蛙体长34—39mm，雌蛙体长44—54mm；吻长略小于眼径，约为体长的15%；第三指吸盘小于鼓膜；颞褶不显；背侧褶较窄，雄性有1对咽侧下外声囊；生活时背部呈橄榄绿色、灰棕色或棕红色，有不规则深色小点，体侧呈绿色。蝌蚪口部后方有腹吸盘，唇齿式多为III：4+4/1+1：1。

【生态资料】

生活于海拔700—1300m林木繁茂的溪流及其附近。繁殖期为5—8月。

【地理分布】

贵州分布于江口、雷山、道真。国内其他分布区有陕西、甘肃、四川、重庆、广西、云南、浙江、湖南、福建。国外分布于越南。

【种群状态】

种群数量较多。受胁等级为无危（LC）。

崇安湍蛙（雄，江口）

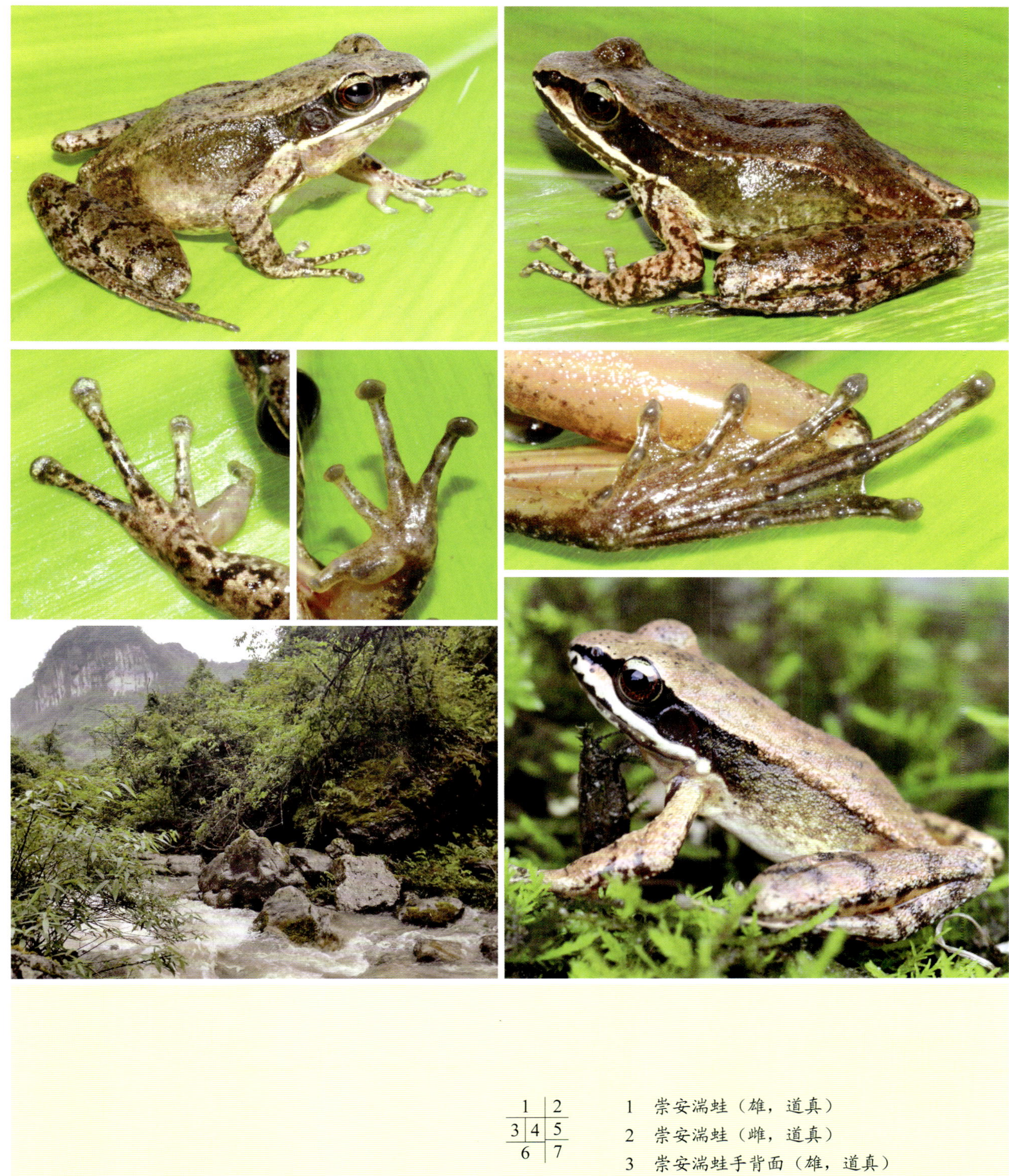

1	2
3 4	5
6	7

1 崇安湍蛙（雄，道真）
2 崇安湍蛙（雌，道真）
3 崇安湍蛙手背面（雄，道真）
4 崇安湍蛙手腹面（雄，道真）
5 崇安湍蛙足腹面（雄，道真）
6 崇安湍蛙生境（道真）
7 崇安湍蛙（雄，江口）

蛙科 Ranidae Batsch, 1796

湍蛙属 *Amolops* Cope, 1865

87 水城湍蛙

Amolops shuichengicus Lyu and Wang, 2019

【英 文 名】

Shuicheng Torrent Frog

【鉴别特征】

身体小而纤细，雄蛙体长34.6—39.6mm，雌蛙体长48.5—55.5mm；背部皮肤相对光滑，仅后背具一些小疣粒；背部肤棕色，具浅绿色斑纹；体侧皮肤黄绿色；具犁骨齿；舌后端缺刻深；眼睛下缘至颞褶前具乳黄色颌腺；具颞褶和背侧腺状褶；鼓膜不明显；第一指吸盘无边缘沟；第三指和第四指具指基下瘤；无外跖突和跗腺；雄性无声囊，繁殖期雄性第一指具光滑婚垫。

【生态资料】

栖息在海拔2000—2100m的湍急溪流中，常栖于溪流边灌丛叶子上。

【地理分布】

贵州特有种。贵州分布于水城。

【种群状态】

种群数量较少且分布狭窄。受胁等级为无危（LC）。

水城湍蛙（雄，水城）

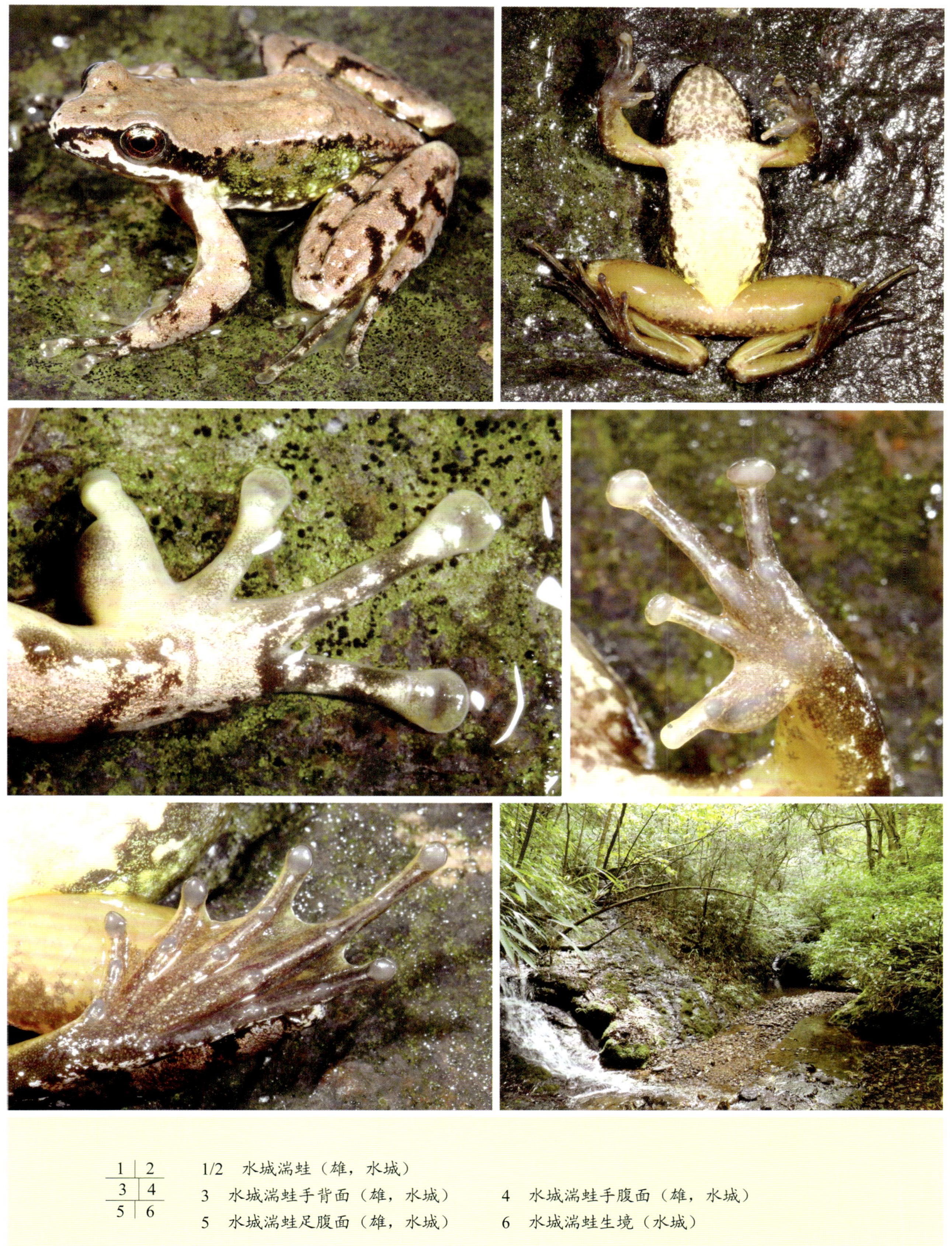

1	2
3	4
5	6

1/2 水城湍蛙（雄，水城）

3 水城湍蛙手背面（雄，水城） 4 水城湍蛙手腹面（雄，水城）

5 水城湍蛙足腹面（雄，水城） 6 水城湍蛙生境（水城）

蛙科 Ranidae Batsch, 1796

湍蛙属 *Amolops* Cope, 1865

88 中华湍蛙

Amolops sinensis Lyu, Wang and Wang, 2019

【英 文 名】

China Torrent Frog

【鉴别特征】

身体肥硕，雄性体长40.2—46.5mm，雌性体长47.7—52.7mm；犁骨齿发达；舌心形，前端缺刻深；第三指和第四指的指基下瘤不明显；跟部重叠；外跖突和跗腺缺失；声囊缺失；繁殖期雄性第一指婚垫发达，其上具米黄色婚刺；繁殖期雄性颞部（个别个体包括鼓膜）和颊部具白色角质刺；背面皮肤非常粗糙，颗粒状，雄性密布刺疣和大瘰粒；背侧褶缺失；肩部具一纵行腺褶；背部皮肤橄榄棕色至深棕色，有些个体具有浅色带状斑纹；腹部表面乳白色或米黄色，具深色斑点。

【生态资料】

生活于海拔350—1200m处的山溪内及其两岸。多在黄昏及夜间活动，白天偶尔出现。繁殖季节为5—6月。

【地理分布】

中国特有种。贵州分布于江口、雷山、黄平、丹寨、赤水、都匀、麻江、从江、遵义。国内其他分布区有广东、广西、湖南。

【种群状态】

种群数量较多且分布广泛。受胁等级为无危（LC）。

中华湍蛙（雄，赤水）

1	2
3	4
5 6 / 7	8

1/2 中华湍蛙（雄，都匀） 3/4 中华湍蛙（雌，麻江）
5 中华湍蛙手背面（雄，都匀） 6 中华湍蛙手腹面（雄，都匀）
7 中华湍蛙足腹面（雄，都匀） 8 中华湍蛙生境（都匀）

叉舌蛙科 Dicroglossidae Anderson, 1871

陆蛙属 *Fejervarya* Bolkay, 1915

89 川村陆蛙

Fejervarya kawamurai Djong, Matsui, Kuramoto, Nishioka and Sumida, 2011

【英 文 名】

Marsh Frog

【鉴别特征】

体形小，雄蛙体长30.7—41.8mm，雌蛙体长36.8—48.7mm；鼓膜、头、前肢、后肢、足以及胫的长度相对体长较小；鼓膜明显，直径为眼径一半；后肢贴体前伸时，胫跗关节达鼓膜后缘或眼中部，左右跟部略重叠；胫长小于足长；第五趾外侧有一皮肤褶。

【生态资料】

分布广泛，常见于稻田、沼泽、水沟、菜园、旱地及草丛。繁殖季节在5—7月。

【地理分布】

贵州分布于仁怀、金沙、遵义、绥阳、黄平。国内其他分布区有云南、广西、广东、福建、海南、台湾。国外分布于日本。

【种群状态】

种群数量较多。受胁等级为无危（LC）。

川村陆蛙（雄，金沙）

	1	2
3	4	5
	6	

1 川村陆蛙（雄，黄平）
2 川村陆蛙腹面（雄，黄平）
3 川村陆蛙足腹面（雄，金沙）
4 川村陆蛙手腹面（雄，金沙）
5 川村陆蛙手背面（雄，金沙）
6 川村陆蛙生境（金沙）

叉舌蛙科 Dicroglossidae Anderson, 1871

陆蛙属 *Fejervarya* Bolkay, 1915

90 泽陆蛙

Fejervarya multistriata Hallowell, 1860

【英 文 名】

Hong Kong Rice-paddy Frog

【鉴别特征】

雄蛙体长38—42mm，雌蛙体长43—49mm；鼓膜圆形，直径约为眼径的3/5；后肢前伸贴体时，胫跗关节达肩部或眼部后方，左右跟部不相遇或仅相遇；第五趾外侧无缘膜或极不明显；有外跖突；雄蛙有单咽下外声囊。

【生态资料】

该蛙广泛分布，适应性强，生活于海拔1500m以下的稻田、沼泽、水沟、菜园、旱地及草丛。昼夜活动。繁殖季节在5—7月。

【地理分布】

贵州分布于黔东南、黔南和黔西南。国内其他分布区有河北、天津、山东、河南、陕西、甘肃、湖北、安徽、江苏、浙江、江西、湖南、福建、四川、重庆、广西、云南、西藏、台湾、广东、香港、澳门、海南。国外分布于日本、印度、越南、缅甸。

【种群状态】

种群数量多。受胁等级为无危（LC）。

泽陆蛙（雄，江口）

1	2
3	4
5 6	7

1 泽陆蛙（雄，望谟）
2 泽陆蛙（雄，息烽）
3/4 泽陆蛙（雄，贞丰）
5 泽陆蛙手背面（雄，贞丰）
6 泽陆蛙手腹面（雄，贞丰）
7 泽陆蛙足腹面（雄，贞丰）

叉舌蛙科 Dicroglossidae Anderson, 1871

虎纹蛙属 *Hoplobatrachus* Peters, 1863

91 虎纹蛙

Hoplobatrachus chinensis Osbeck, 1765

【英 文 名】

Chinese Tiger Frog

【鉴别特征】

个体大，雄蛙体长约82mm，雌蛙体长约107mm左右；下颌前侧方有2个骨质齿状突；鼓膜明显；雄蛙声囊内壁黑色；体背面皮肤粗糙，无背侧褶；背部有长短不一、分布不太规则的肤棱，一般断续成纵行排列；趾间全蹼；生活时背面呈黄绿色或灰棕色，背部、头侧及体侧均有深色不规则的斑纹。

【生态资料】

生活于海拔20—1100m的山区、平原地带的稻田、鱼塘、水库、沟渠及水坑内。繁殖季节在3—8月。

【地理分布】

贵州分布于罗甸、荔波、望谟、安龙、兴义。国内其他分布区有河南、陕西、湖北、安徽、江苏、上海、浙江、江西、湖南、福建、四川、重庆、广西、云南、台湾、广东、香港、澳门、海南。国外分布于日本、印度、越南、泰国、缅甸、柬埔寨。

【种群状态】

国家二级保护野生动物。种群数量较少。受胁等级为濒危（EN）。

虎纹蛙（雄，安龙）

1	2
3	4
5	

1 虎纹蛙（雄，荔波） 2 虎纹蛙手腹面（雄，荔波）
3 虎纹蛙足腹面（雄，荔波） 4 虎纹蛙（亚成体，罗甸）
5 虎纹蛙生境（荔波）

叉舌蛙科 Dicroglossidae Anderson, 1871

倭蛙属 *Nanorana* Günther, 1896

92 双团棘胸蛙

Nanorana phrynoides Boulenger, 1917

【英 文 名】

Spiny Frog

【鉴别特征】

雄蛙体长89—116mm，雌蛙体长83—112mm；全蹼或满蹼；两眼间无大疣粒；体背面疣粒较小而稀疏；背部两前肢间没有大疣排成倒“V”形；雄性前2指或3指有稀疏小黑刺；雄性成体胸部具1对刺团，略向内斜排列，略呈“/ \”形。

【生态资料】

生活于海拔900—1200m山区的山溪旁石下或浅水处。繁殖季节在3—4月。

【地理分布】

中国特有种。贵州分布于威宁、水城。国内其他分布区有云南。

【种群状态】

种群数量较少。建议受胁等级为易危（VU）。

双团棘胸蛙（雄，威宁）

	1	
2	3	4
	5	6

1 双团棘胸蛙（雌，威宁） 2 双团棘胸蛙手背面（雄，威宁）
3 双团棘胸蛙手腹面（雄，威宁） 4 双团棘胸蛙足腹面（雄，威宁）
5 双团棘胸蛙腹面（雄） 6 双团棘胸蛙生境（威宁）

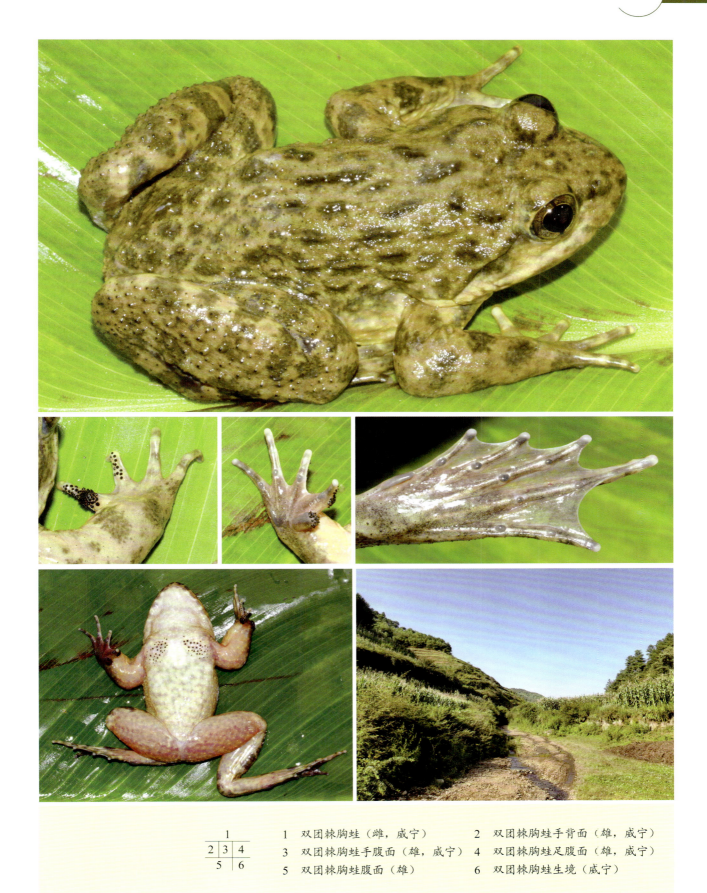

叉舌蛙科 Dicroglossidae Anderson, 1871

棘胸蛙属 *Quasipaa* Dubois, 1992

93 棘腹蛙

Quasipaa boulengeri Günther, 1889

【英 文 名】

Spiny-bellied Frog

【鉴别特征】

雄蛙体长69—124mm，雌蛙体长76—121mm；后肢贴体前伸时，胫跗关节达眼部；皮肤粗糙；体背部长行疣排列成纵行，头部、体侧及四肢背面均有分散的大小黑刺疣；体侧刺疣较少；雄蛙胸、腹部布满大小肉质疣，每个疣上中央有1枚黑刺；生活时体色随环境和年龄有深浅的变异，背面多呈土棕色或棕黑色，上下唇缘有深棕色或黑色纵纹，两眼间多有1条黑色横纹。蝌蚪尾基部上方有2—4条横斑，尾部有斑。

【生态资料】

生活在海拔900—1200m森林茂密的山溪瀑布下或山溪水塘边的石下，所在环境溪内大小石块甚多，溪边乔木或灌木丛生。繁殖季节主要在5—8月。

【地理分布】

中国特有种。贵州分布于江口、印江、松桃、兴义、安龙、毕节、水城、威宁、雷山、贵定、罗甸、贵阳、望谟、绥阳、盘州。国内其他分布区有山西、陕西、甘肃、湖北、江西、湖南、四川、重庆、广西、云南。

【种群状态】

种群数量较少。受胁等级为易危（VU）。

棘腹蛙（雄，贵阳）

1 | 2
3 | 6
4 | 5 | 7

1　棘腹蛙（雌，施秉）
2　棘蛙腹面（雄，盘州）
3　棘腹蛙（雄，盘州）
4　棘腹蛙手背面（雄，盘州）
5　棘腹蛙手腹面（雄，盘州）
6　棘腹蛙足腹面（雄，盘州）
7　棘腹蛙生境（贵阳）

叉舌蛙科 Dicroglossidae Anderson, 1871

棘胸蛙属 *Quasipaa* Dubois, 1992

94 合江棘蛙

Quasipaa robertingeri Wu and Zhao, 1995

【英 文 名】

Hejiang Spiny Frog

【鉴别特征】

雄蛙体长78—100mm，雌蛙体长89—111mm；体背面皮肤较粗糙；后肢贴体前伸时，胫跗关节达眼鼻之间或超过吻端；体侧刺疣较多；雄蛙前臂粗壮；内侧2指或3指内上侧及原拇指有黑色锥状婚刺；胸腹部满布大小疣粒，疣上仅有1枚黑刺；蝌蚪尾部及体尾交界处无斑。

【生态资料】

常栖于溪流中及其附近的林间草丛中。所在溪流清澈，溪内石块较多，两岸植被繁茂。繁殖季节5—8月。

【地理分布】

中国特有种。贵州分布于习水、赤水。国内其他分布区有四川。

【种群状态】

种群数量较少。受胁等级为易危（VU）。

合江棘蛙（雄，赤水）

1		
2	3	5
4		6

1/4 合江棘蛙（雄，习水） 2 合江棘蛙手背面（雄，习水）
3 合江棘蛙手腹面（雄，习水） 5 合江棘蛙生境（习水）
6 合江棘蛙足腹面（雄，习水）

叉舌蛙科 Dicroglossidae Anderson, 1871

棘胸蛙属 *Quasipaa* Dubois, 1992

95 棘侧蛙

Quasipaa shini Ahl, 1930

【英 文 名】

Spiny-flanked Frog

【鉴别特征】

雄蛙体长88—115mm，雌蛙体长82—109mm；后肢贴体前伸时，胫跗关节达眼前角；与棘胸蛙很相似，但棘侧蛙背面皮肤极粗糙，背部布满长形疣，体侧疣刺很多；雄蛙胸部和前腹部以及体侧的疣上有刺，小疣上刺1枚，大疣上多为3—8枚；生活时背面呈深棕黑色，两眼间有黑色宽的横纹；一般上下唇缘有浅色纵纹；少数个体从吻端至肛上方有1条灰白色宽脊纹。

【生态资料】

生活于海拔1000m左右的山溪内。所在环境植被繁茂，溪水清澈，环境潮湿。成蛙白天隐藏在溪边石下或岸上大石上，受惊扰后跳入深水凼，隐伏于水底石下。夜晚栖息于溪边石上，在手电筒光照射下蹲在原地不动。蝌蚪生活于流溪水凼内石头间。

【地理分布】

中国特有种。贵州分布于绥阳、雷山、三都。国内其他分布区有广西、湖南。

【种群状态】

种群数量较少。受胁等级为易危（VU）。

棘侧蛙（雄，雷山）

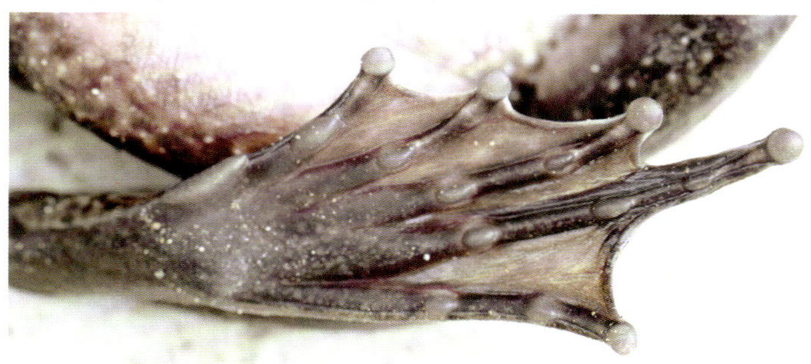

1	2
3	4
5	

1/2 棘侧蛙（雄，雷山）
3 棘侧蛙足腹面（雄，雷山）
4 棘侧蛙手腹面（雄，金沙）
5 棘侧蛙生境（雷山）

叉舌蛙科 Dicroglossidae Anderson, 1871

棘胸蛙属 *Quasipaa* Dubois, 1992

96 棘胸蛙

Quasipaa spinosa David, 1875

【英 文 名】

Giant Spiny Frog

【鉴别特征】

雄蛙体长94—126mm，雌蛙体长77—109mm；外形与棘侧蛙相似；后肢前伸贴体时，胫跗关节达眼部；雄蛙前臂很粗壮，内侧3指有黑色婚刺，胸部疣粒小而密，疣上仅有黑刺1枚；体侧无刺疣，背面、体侧皮肤不十分粗糙。

【生态资料】

生活于海拔370—1500m山溪的回水坑、溪水旁的石缝或石洞中。繁殖季节在5—9月。

【地理分布】

贵州分布于松桃、江口、贵定、望谟、绥阳、赤水、兴义。国内其他分布区有湖北、安徽、江苏、浙江、江西、湖南、福建、广西、云南、广东、香港。国外分布于越南。

【种群状态】

种群数量较少。受胁等级为易危（VU）。

棘胸蛙（雄）

1	3
2	
4	

1/2 棘胸蛙（雄）
3 棘胸蛙（蝌蚪）
4 棘胸蛙生境（绥阳）

树蛙科 Rhacophoridae Hoffman, 1932 (1858)

原指树蛙属 *Kurixalus* Ye, Fei and Dubois, 1999

97 锯腿原指树蛙

Kurixalus odontotarsus Ye and Fei, 1993

【英 文 名】

Serrate-legged Small Treefrog

【鉴别特征】

雄蛙体长31—33mm，雌蛙体长约41mm；前臂及跗跖部外侧有锯齿状肤突；胫跗关节有肤突；鼓膜大，直径为眼径的1/2—2/3；体背面皮肤较粗糙，具许多小疣粒；雄蛙具单咽下内声囊。

【生态资料】

生活于海拔250—1500m山区灌木丛的树叶上或草丛间。繁殖季节在4—6月，常产卵于林区内积水塘或路边积水沟。

【地理分布】

贵州分布于荔波、望谟、罗甸、长顺、安龙。国内其他分布区有西藏、云南、广西、海南。国外分布于越南。

【种群状态】

野外种群数量较多，分布范围广。受胁等级为无危（LC）。

锯腿原指树蛙（雄，罗甸）

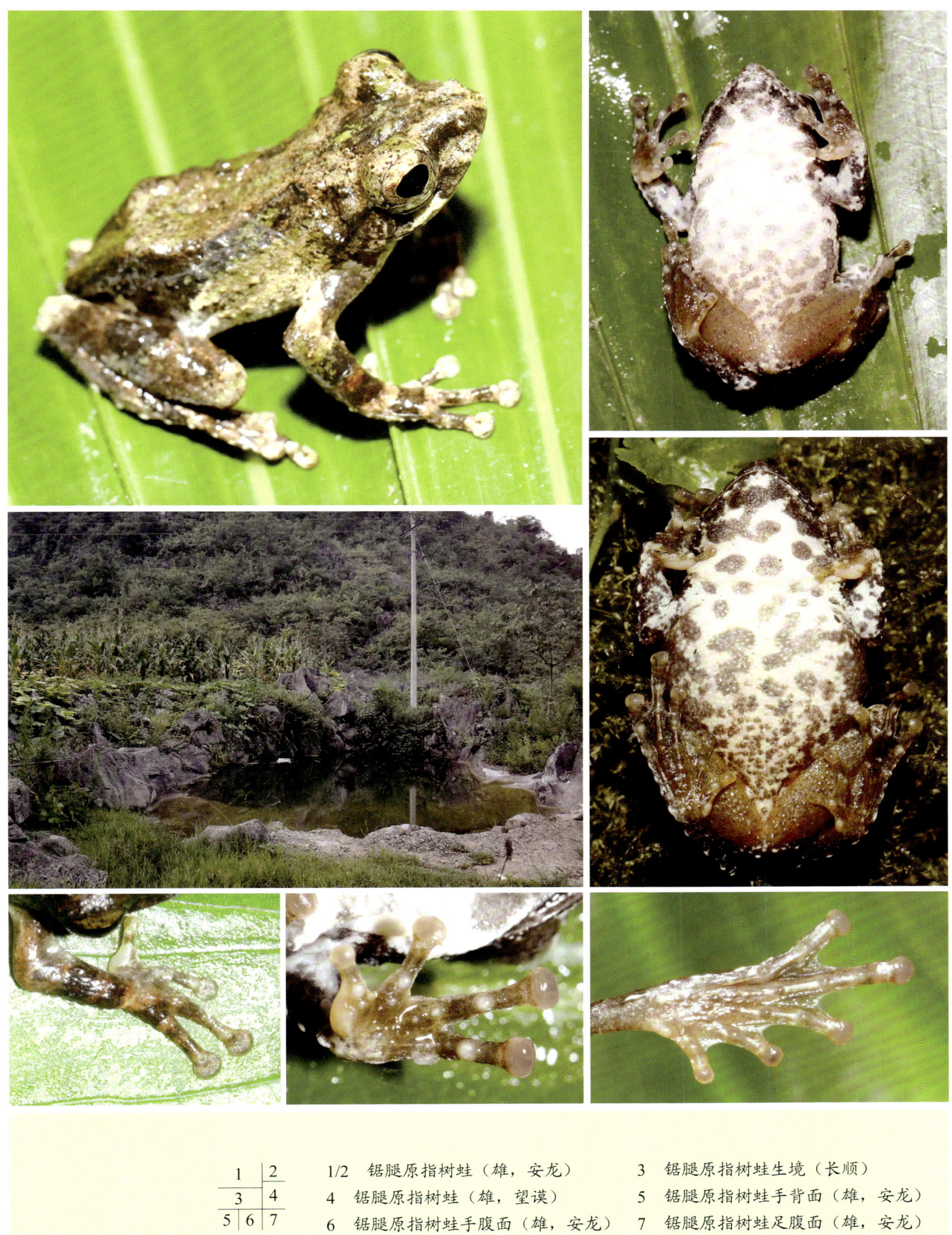

1	2
3	4
5 6	7

1/2　锯腿原指树蛙（雄，安龙）
3　锯腿原指树蛙生境（长顺）
4　锯腿原指树蛙（雄，望谟）
5　锯腿原指树蛙手背面（雄，安龙）
6　锯腿原指树蛙手腹面（雄，安龙）
7　锯腿原指树蛙足腹面（雄，安龙）

树蛙科 Rhacophoridae Hoffman, 1932 (1858)

原指树蛙属 *Kurixalus* Ye, Fei and Dubois, 1999

98 饶氏原指树蛙

Kurixalus raoi Zeng, Wang, Yu and Du, 2021

【英 文 名】

Rao's Treefrog

【鉴别特征】

体形小，雄性体长28.2—32.2mm，雌性体长38.6mm；鼓膜直径小于眼径的一半；具犁骨齿；单咽下内声囊；四肢外侧具有皮肤缘膜；后肢贴体前伸时，胫跗关节达眼部；婚垫不发达；背面褐色，皮肤粗糙，散有小疣粒；下颌具有深色云雾状斑；腹面皮肤颗粒状，无深色大斑块；体侧皮肤粗糙。

【生态资料】

生活于灌木、岩石和草丛中。

【地理分布】

贵州特有种。贵州分布于兴仁。

【种群状态】

种群数量较大且分布狭窄。建议受胁等级为近危（NT）。

饶氏原指树蛙（雄，兴仁）

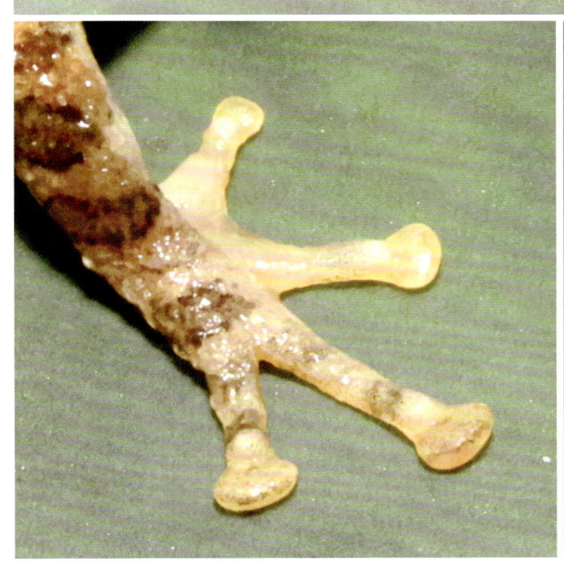

1
2 | 3 | 4
5

1 饶氏原指树蛙（雄，兴仁）　2 饶氏原指树蛙手背面（雄，兴仁）
3 饶氏原指树蛙手腹面（雄，兴仁）　4 饶氏原指树蛙足背面（雄，兴仁）
5 饶氏原指树蛙生境（兴仁）

树蛙科 Rhacophoridae Hoffman, 1932 (1858)

泛树蛙属 *Polypedates* Tschudi, 1838

99 布氏泛树蛙

Polypedates braueri Vogt, 1911

【英 文 名】

Bu's Treefrog

【鉴别特征】

雄蛙体长约为48mm左右，雌蛙体长约为64mm左右；头部较宽，头宽几乎与身体等宽；头部皮肤与头骨分离或部分相连；后肢贴体前伸时，胫跗关节达眼前端；内跖突大且突出，无外跖突；眼眶间靠近上眼睑处可见略呈三角形的浅黑色斑纹；背部散有不规则黑色小斑块。

【生态资料】

该蛙分布广泛。常见于山区灌木丛的树叶上、草丛间或农田附附近。常产卵于林区内积水塘或农田中。

【地理分布】

贵州分布于安龙、荔波、仁怀、开阳、贵阳、雷山、贞丰、江口、黄平等地。国内其他分布区有台湾、福建、江苏、河南、浙江、江西、湖南、安徽、广东、广西、四川、重庆、云南、西藏。国外分布于越南、缅甸、老挝、泰国、印度。

【种群状态】

种群数量大。受胁等级为无危（LC）。

布氏泛树蛙（雄，安龙）

1/2　布氏泛树蛙（雄，安龙）
3　布氏泛树蛙（雌，贞丰）
4　布氏泛树蛙（雄，黄平）
5　布氏泛树蛙生境（安龙）
6　布氏泛树蛙手背面（雄，安龙）
7　布氏泛树蛙手腹面（雄，安龙）
8　布氏泛树蛙足腹面（雄，安龙）

树蛙科 Rhacophoridae Hoffman, 1932 (1858)

泛树蛙属 *Polypedates* Tschudi, 1838

100 凹顶泛树蛙

Polypedates impresus Yang, 2008

【英 文 名】

Concave-crowned Treefrog

【鉴别特征】

雌蛙体长49.5—75.0mm，身体扁而窄长；头长宽几乎相等，头顶下凹明显；头顶皮肤紧粘额顶骨，不能分离；有内跖突；体背面无斑纹或在肩部略显“X”形斑；上唇缘白色，颞部有1条棕色横纹；股后部乳白色有灰褐色网状斑纹；后肢贴体前伸时，胫跗关节达鼻孔。

【生态资料】

生活在海拔850m的小丘陵草丛中。

【地理分布】

中国特有种。贵州分布于荔波。国内其他分布区为云南、广西。国外分布于泰国、老挝、越南。

【种群状态】

该蛙分布区域狭窄，种群数量较少。建议受胁等级为近危（NT）。

凹顶泛树蛙（雄，荔波）

1 凹顶泛树蛙（雄，荔波）
2 凹顶泛树蛙生境（荔波）

树蛙科 Rhacophoridae Hoffman, 1932 (1858)

泛树蛙属 *Polypedates* Tschudi, 1838

101 斑腿泛树蛙

Polypedates megacephalus Hallowell, 1861

【英 文 名】

Spot-legged Treefrog

【鉴别特征】

体形扁而窄长，雄蛙体长41—48mm，雌蛙体长57—65mm；后肢细长，贴体前伸时，胫跗关节达眼与鼻孔之间；体背部多有“X”形深色斑或呈纵条纹；股后有较细密的网状花斑；指间无蹼；第四趾外侧蹼达远端第二、第三关节下瘤之间；雄蛙有1对咽侧下内声囊。

【生态资料】

生活于海拔80—1250m的丘陵和山区，常栖息于稻田、草丛或泥窝内，或栖息在田埂石缝以及附近的灌木、草丛中。繁殖季节在4—6月。

【地理分布】

贵州分布于东部、南部。国内其他分布区有甘肃、陕西、湖北、安徽、江苏、浙江、江西、湖南、福建、台湾、四川、云南、广西、西藏、广东、海南。国外分布于日本、泰国、柬埔寨、老挝、缅甸、越南。

【种群状态】

种群数量较多。受胁等级为无危（LC）。

斑腿泛树蛙（抱对，从江）

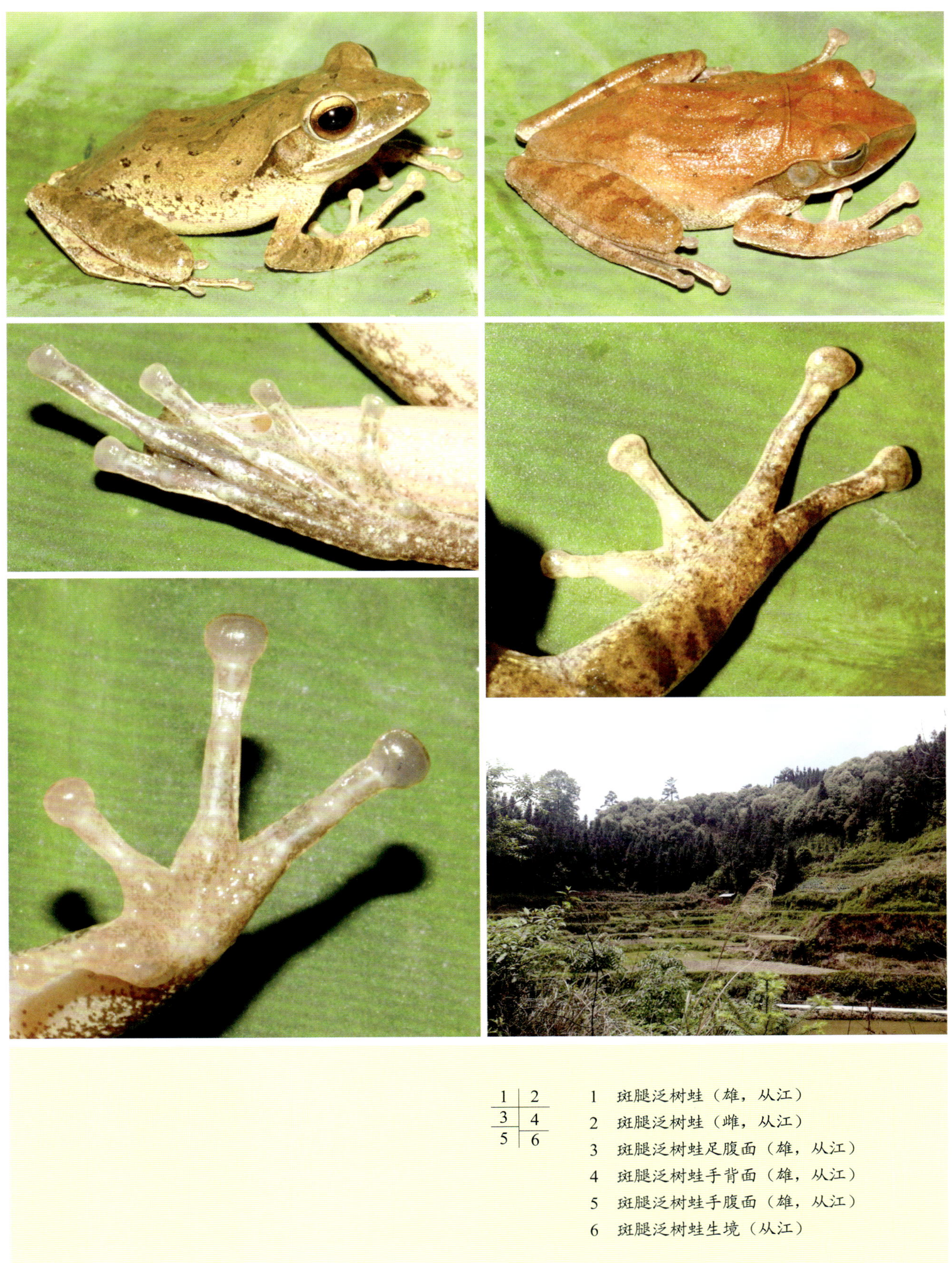

1	2
3	4
5	6

1 斑腿泛树蛙（雄，从江）
2 斑腿泛树蛙（雌，从江）
3 斑腿泛树蛙足腹面（雄，从江）
4 斑腿泛树蛙手背面（雄，从江）
5 斑腿泛树蛙手腹面（雄，从江）
6 斑腿泛树蛙生境（从江）

树蛙科 Rhacophoridae Hoffman, 1932 (1858)

泛树蛙属 *Polypedates* Tschudi, 1838

102 无声囊泛树蛙

Polypedates mutus Smith, 1940

【英 文 名】

Vocal-sacless Treefrog

【鉴别特征】

雄蛙体长52—63mm，雌蛙体长53—77mm；后肢细长，贴体前伸时，胫跗关节达吻端或鼻孔，左右眼部重叠；体背棕色或棕灰色，多有6条明显的深色纵条纹，有的个体呈“X”形深色斑；股后有较粗大的网状花斑；雄蛙无声囊。

【生态资料】

生活于海拔180—1500m的丘陵、山区，多栖息于林区内的水塘边、稻田埂边草丛或泥窝内。繁殖季节在4—7月。

【地理分布】

贵州分布于德江、贵定、罗甸、望谟、兴义。国内其他分布区有云南、广西、广东、海南。国外分布于老挝、缅甸、越南。

【种群状态】

种群数量较多。受胁等级为无危（LC）。

无声囊泛树蛙（雄，望谟）

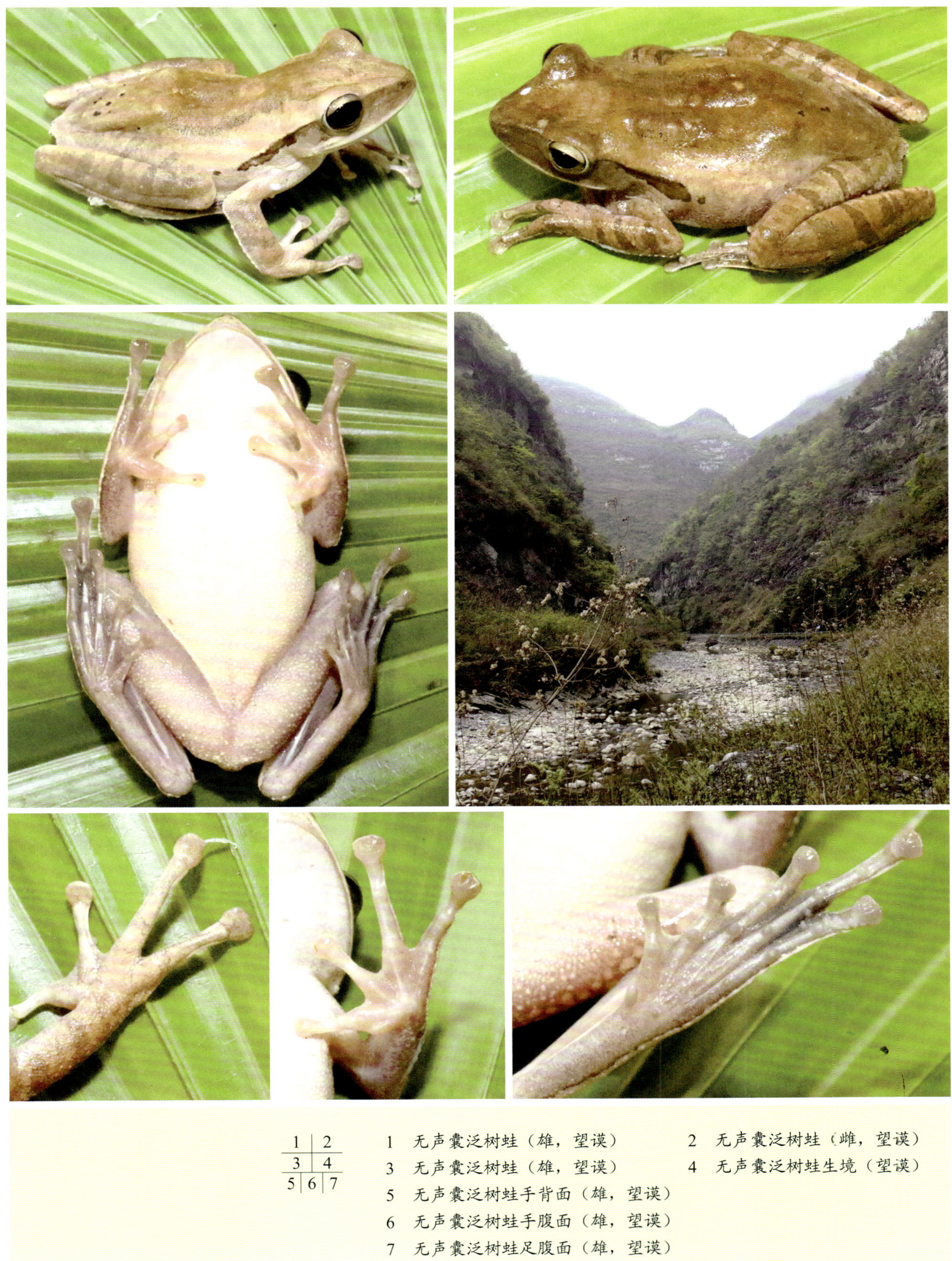

1	2
3	4
5 6 7	

1 无声囊泛树蛙（雄，望谟）
2 无声囊泛树蛙（雌，望谟）
3 无声囊泛树蛙（雄，望谟）
4 无声囊泛树蛙生境（望谟）
5 无声囊泛树蛙手背面（雄，望谟）
6 无声囊泛树蛙手腹面（雄，望谟）
7 无声囊泛树蛙足腹面（雄，望谟）

树蛙科 Rhacophoridae Hoffman, 1932 (1858)

张树蛙属 *Zhangixalus* Li, Jiang, Ren and Jiang, 2019

103 经甫树蛙

Zhangixalus chenfui Liu, 1945

【英 文 名】

Chenfu's Treefrog

【鉴别特征】

体形扁平，雄蛙体长33—41mm，雌蛙体长46—50mm；后肢短，贴体前伸时，胫跗关节达眼后角；生活时上下唇缘、体侧及四肢外侧有乳黄色细线纹，线纹下为藕褐色；鼓膜距眼后角远。

【生态资料】

生活于海拔900—3000m山区的小水沟、水塘或梯田边。黄昏后成蛙多在灌丛、草丛中活动或隐匿于水边石块下或石缝中。在繁殖季节，雄蛙发出“德儿、德儿”的鸣叫声，清脆且具弹音；配对时，雄蛙前肢抱握在雌蛙的腋部。新成蛙体长15mm左右，营陆栖生活。繁殖季节为5—7月。

【地理分布】

中国特有种。贵州分布于绥阳、桐梓、道真。国内其他分布区有四川、重庆、湖南、湖北、江西、福建。

【种群状态】

种群数量一般。受胁等级为无危（LC）。

经甫树蛙（雄，桐梓）

1	2
3	4
5 / 6	7	8

1 经甫树蛙（抱对，道真）　2 经甫树蛙（雌，道真）
3 经甫树蛙生境　4 经甫树蛙（雌，道真）
5 经甫树蛙手腹面（雄，道真）　6 经甫树蛙足腹面（雄，道真）
7 经甫树蛙手背面（雄，道真）　8 经甫树蛙（雌，绥阳）

树蛙科 Rhacophoridae Hoffman, 1932 (1858)

张树蛙属 *Zhangixalus* Li, Jiang, Ren and Jiang, 2019

104 大树蛙

Zhangixalus dennysi Blanford, 1881

【英 文 名】

Large Treefrog

【鉴别特征】

体形大，雄蛙体长79—85mm，雌蛙体长84—115mm；皮肤较粗糙有小刺粒；第三指、第四指间全蹼；体背面呈绿色，其上一般散有不规则的少数棕黄色斑点，体侧多有成行的乳白色斑点或缀连成乳白色纵纹；前臂后侧及跗部后侧均有1条较宽的白色纵线纹，分别延伸至第四指和第五趾外侧缘。

【生态资料】

生活于海拔250—800m的山区树林里或附近的田边、灌木及草丛中。繁殖季节为4—5月。

【地理分布】

贵州分布于江口、雷山、三都、荔波。国内其他分布区有重庆、广西、河南、安徽、浙江、江西、上海、湖南、湖北、福建、广东、海南。国外分布于缅甸、越南。

【种群状态】

野外种群数量较多。受胁等级为无危（LC）。

大树蛙（抱对，三都）

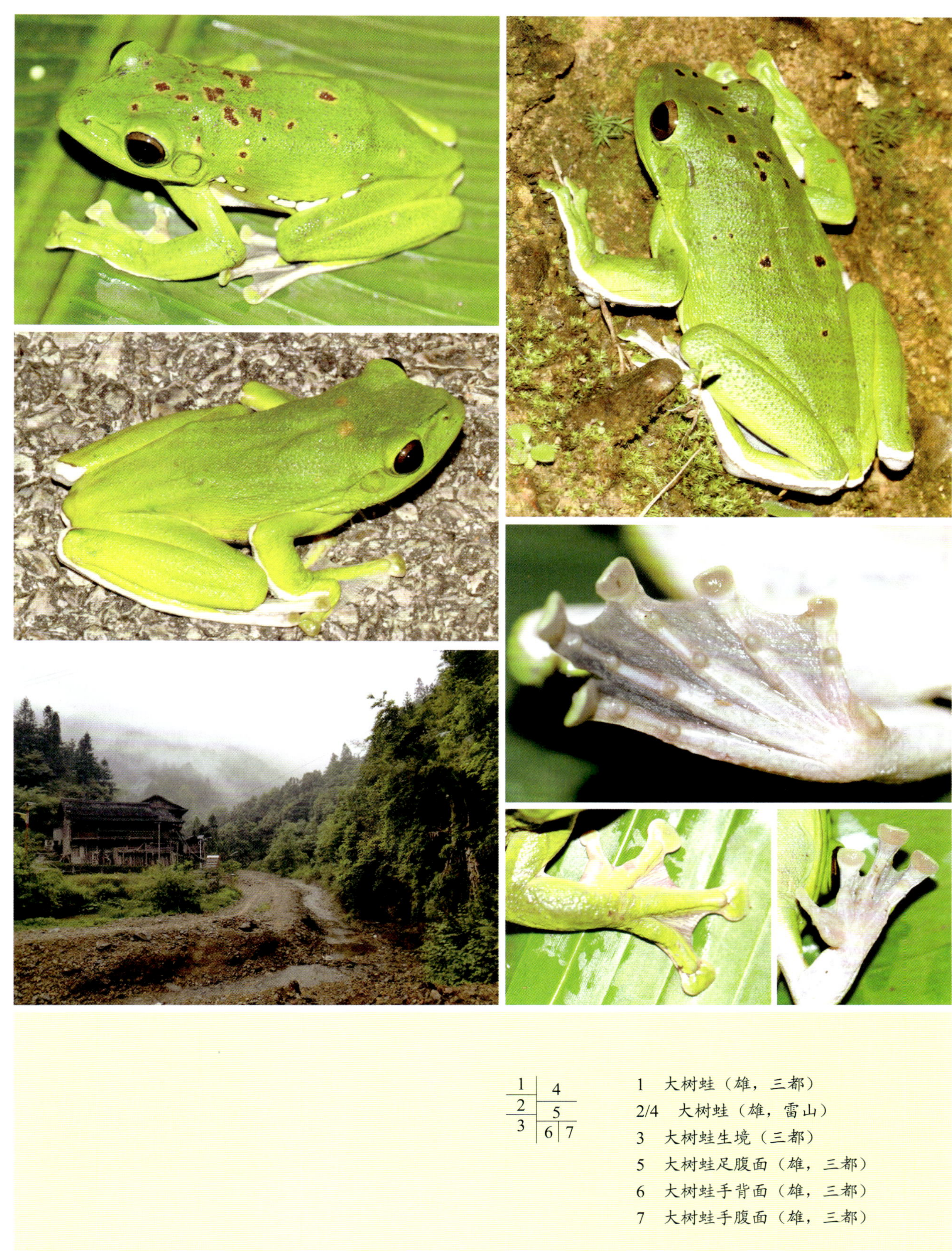

1	4	
2	5	
3	6	7

1 大树蛙（雄，三都）
2/4 大树蛙（雄，雷山）
3 大树蛙生境（三都）
5 大树蛙足腹面（雄，三都）
6 大树蛙手背面（雄，三都）
7 大树蛙手腹面（雄，三都）

树蛙科 Rhacophoridae Hoffman, 1932 (1858)

张树蛙属 *Zhangixalus* Li, Jiang, Ren and Jiang, 2019

105 白线树蛙

Zhangixalus leucofasciatus Liu and Hu, 1962

【英 文 名】

White-striped Treefrog

【鉴别特征】

雄蛙体长35—48mm；皮肤较光滑；体背呈绿色且无斑，从吻端和上颌缘及体侧有1条宽而明显的乳白色纵带纹，与眼相接；上臂背面呈白色；前臂、手、跖、足外侧缘及肛上方均有乳白色纹；第三指、第四指间全蹼。

【生态资料】

生活于海拔450—800m次生阔叶林和竹类混生的林区内，常栖息于河溪边的灌丛枝叶上。

【地理分布】

中国特有种。贵州分布于江口。国内其他分布区有重庆、广西。

【种群状态】

种群数量稀少。受胁等级为易危（VU）。

白线树蛙（雄，金秀）

1	3
2	
4	

1/2/3　白线树蛙（雄，金秀）
4　白线树蛙足腹面（雄，金秀）

树蛙科 Rhacophoridae Hoffman, 1932 (1858)

张树蛙属 *Zhangixalus* Li, Jiang, Ren and Jiang, 2019

106 黑点树蛙

Zhangixalus nigropunctatus Liu, Hu and Yang, 1962

【英 文 名】

Black-spotted Treefrog

【鉴别特征】

雄蛙体长32—37mm，雌蛙体长44—45mm；后肢短，贴体前伸时，胫跗关节达鼓膜后缘；指间具微蹼，外侧2指间蹼约为1/4蹼，外侧3趾间的蹼达第二关节下瘤；体侧及股前后有圆形或长形黑斑；雄蛙有单咽下外声囊。

【生态资料】

生活于海拔600—2150m山区的水塘、沼泽及稻田附近的灌丛中。白天成蛙多隐蔽在潮湿的土洞或草丛中，夜间常活动在水塘、沼泽附近的灌丛上，稻田附近也有其踪迹。该蛙冬季在泥沼中过冬，4月初出蛰，雄蛙在泥洞内鸣叫，即开始繁殖。在贵州威宁地区，曾于6月上旬见到雌雄抱对行为，同时水塘中有卵泡、各期蝌蚪和新成蛙。可见，该蛙的产卵季节颇长。卵泡白色，大小为67mm×57mm×25mm。繁殖季节为4—6月。

【地理分布】

贵州分布于威宁、纳雍、水城。国内其他分布区有云南、湖南、安徽。国外分布于越南。

【种群状态】

种群数量较多。受胁等级为近危（NT）。

黑点树蛙（雄，纳雍）

1	2	
3	4	5
6	7	

1/2 黑点树蛙（雄，纳雍）
3 黑点树蛙手背面（雄，纳雍）
4 黑点树蛙手腹面（雄，纳雍）
5 黑点树蛙足腹面（雄，纳雍）
6 黑点树蛙（雌，威宁）
7 黑点树蛙（雄，水城）

树蛙科 Rhacophoridae Hoffman, 1932 (1858)

张树蛙属 *Zhangixalus* Li, Jiang, Ren and Jiang, 2019

107 峨眉树蛙

Zhangixalus omeimontis Stejneger, 1924

【英 文 名】

Omei Treefrog

【鉴别特征】

体窄长而扁平，体形小，雄蛙体长52—66mm，雌蛙体长70—80mm；后肢细，贴体前伸时，胫跗关节达眼部，具单咽下内声囊；指间有蹼，外侧2指间为半蹼，趾蹼发达，除第四趾以缘膜达趾端外，其余均为全蹼；皮肤粗糙，布满小刺疣；体背面多呈绿色并与棕色斑纹交织成网状斑。

【生态资料】

常栖息于竹林、灌丛和草丛中潮湿的地带，繁殖季节在3—5月。

【地理分布】

贵州分布于江口、绥阳、习水、赤水、桐梓、荔波。国内其他分布区有四川、广西、云南、湖北、湖南。国外分布于越南。

【种群状态】

种群数量多。受胁等级为无危（LC）。

峨眉树蛙（抱对，桐梓）

1	2
3	4
5	6

1 峨眉树蛙（雌，绥阳）
2 峨眉树蛙（雄，荔波）
3 峨眉树蛙（雌，赤水）
4 峨眉树蛙生境（荔波）
5 峨眉树蛙手腹面（雄，荔波）
6 峨眉树蛙手背面（雄，荔波）

姬蛙科 Microhylidae Günther, 1858 (1843)

小狭口蛙属 *Glyphoglossus* Günther, 1869

108 云南小狭口蛙

Glyphoglossus yunnanensis Boulenger, 1919

【英 文 名】

Yunnan Small Narrow-mouthed Frog

【鉴别特征】

雄蛙体长30—36mm，雌蛙体长40—49mm；头小，头宽大于头长；后肢粗短，贴体前伸时，胫跗关节达肩部；胯部各有一个醒目的圆斑点；雄蛙第三指特别长而宽；雄蛙无婚垫，无雄性线。

【生态资料】

生活于海拔1900—3100m的山区。繁殖季节，常在大雨后的夜晚大量集群于水塘或稻田内，雄蛙发出“哇、哇”的鸣叫声，卵产于水塘边的水草上或水中枯枝落叶上，卵群成单行附着在枝条上或叶片上。蝌蚪集群浮游于水体表层，1—2个月即可变成幼蛙。新成蛙体长12mm。繁殖季节为5—6月。

【地理分布】

贵州分布于威宁、水城、兴义、纳雍。国内其他分布区有四川、云南。国外分布于越南。

【种群状态】

该蛙分布较广，种群数量较多。受胁等级为无危（LC）。

云南小狭口蛙（雄，纳雍）

1	3
	4
2	5
6	

1/2/3　云南小狭口蛙（雄，纳雍）　4　云南小狭口蛙足腹面（雄，纳雍）
5　云南小狭口蛙手腹面（雄，纳雍）　6　云南小狭口蛙生境（纳雍）

姬蛙科 Microhylidae Günther, 1858 (1843)

狭口蛙属 *Kaloula* Gray, 1831

109 多疣狭口蛙

Kaloula verrucosa Boulenger, 1904

【英 文 名】

Verrucous Digging Frog

【鉴别特征】

雄蛙体长41—46mm，雌蛙体长46—52mm；头小，头宽大于头长；后肢粗短，贴体前伸时，胫跗关节达肩后，左右跟部不相遇。背部小疣颇多；指、趾末端钝圆而不膨大；趾间蹼发达；雄蛙指端有4—6枚骨质疣突，整个胸、腹部有厚皮肤腺。

【生态资料】

生活于海拔1430—2400m的山区或河岸平地，常栖息于草地、田园附近的石块下，土穴常在内。5—7月的大雨后外出繁殖，白天与夜晚都可听到雄蛙“姆啊”的鸣叫声，卵产于稻田、水塘、路边或旷野的临时水坑，卵单粒漂浮于水面。

【地理分布】

中国特有种。贵州分布于威宁、兴义。国内其他分布区有云南、四川。

【种群状态】

种群数量较多。受胁等级为无危（LC）。

多疣狭口蛙（雄）

1	2
3	4

1/2/3　多疣狭口蛙（雄，威宁）
4　多疣狭口蛙生境（威宁）

姬蛙科 Microhylidae Günther, 1858 (1843)

姬蛙属 *Microhyla* Tschudi, 1838

110 粗皮姬蛙

Microhyla butleri Boulenger, 1900

【英 文 名】

Tubercled Pygmy Frog

【鉴别特征】

体形小，雄蛙体长约22mm，雌蛙体长23mm左右；体背面皮肤粗糙，布满疣粒；指、趾末端均具吸盘，其背面有纵沟；体背部有镶黄边的黑酱色大花斑。蝌蚪无唇齿、唇乳突和角质颌；尾鳍前2/3有红色细点，边缘略黑，后1/3无色透明且呈丝状。

【生态资料】

生活于海拔100—1600m靠山坡的水田、园圃及水沟、水坑边的土隙或草丛中。繁殖季节为5—7月。

【地理分布】

贵州分布于绥阳、正安、松桃、江口、赤水、印江、毕节、绥阳、雷山、贵定。国内其他分布区有四川、重庆、云南、广西、湖北、浙江、江西、湖南、福建、广东、台湾、香港、海南。国外分布于缅甸、越南、柬埔寨、老挝、泰国及马来半岛。

【种群状态】

种群数量较多。受胁等级为无危（LC）。

粗皮姬蛙（雄，赤水）

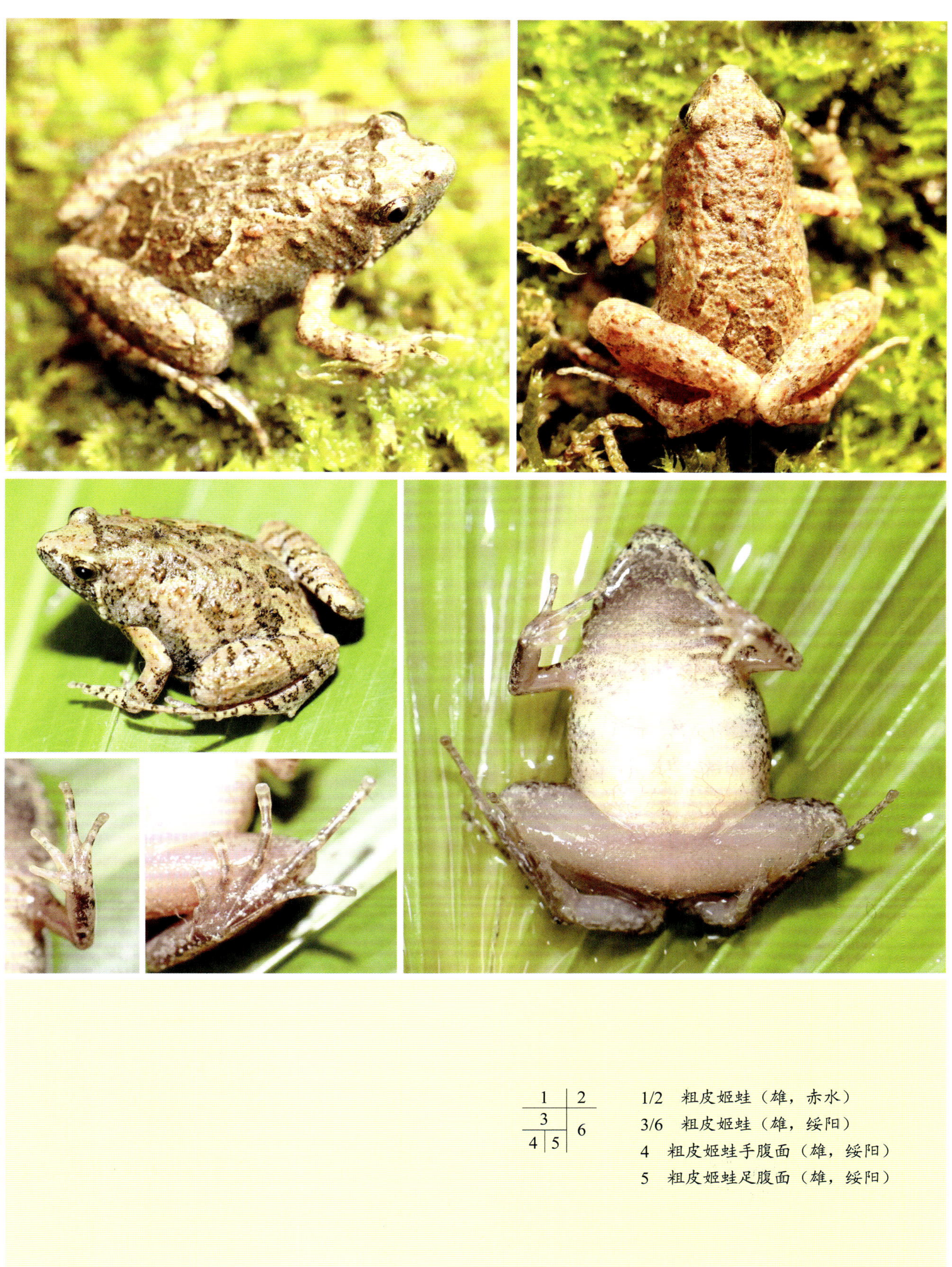

1	2
3	6
4 | 5	

1/2　粗皮姬蛙（雄，赤水）
3/6　粗皮姬蛙（雄，绥阳）
4　粗皮姬蛙手腹面（雄，绥阳）
5　粗皮姬蛙足腹面（雄，绥阳）

姬蛙科 Microhylidae Günther, 1858 (1843)

姬蛙属 *Microhyla* Tschudi, 1838

111 梵净山姬蛙

Microhyla fanjingshanensis Li, Zhang, Xu, Lv and Jiang, 2019

【英 文 名】

Fanjingshan Pygmy Frog

【鉴别特征】

体形中等，雄蛙体长19.0—22.7mm，雌蛙体长22.5—23.0mm；趾间具蹼迹；除第一趾外，其余趾端有纵沟；掌突2个；后肢贴体前伸时，胫跗关节达鼻眼之间；鼓膜圆形，明显；腹部上方有白色“V”形线。

【生态资料】

生活于海拔1300m的水田中，常见于水田边。4月可听到繁殖鸣叫。

【地理分布】

贵州特有种。贵州分布于印江。

【种群状态】

种群数量较少且分布狭窄。受胁等级为无危（LC）。

梵净山姬蛙（雄，印江）

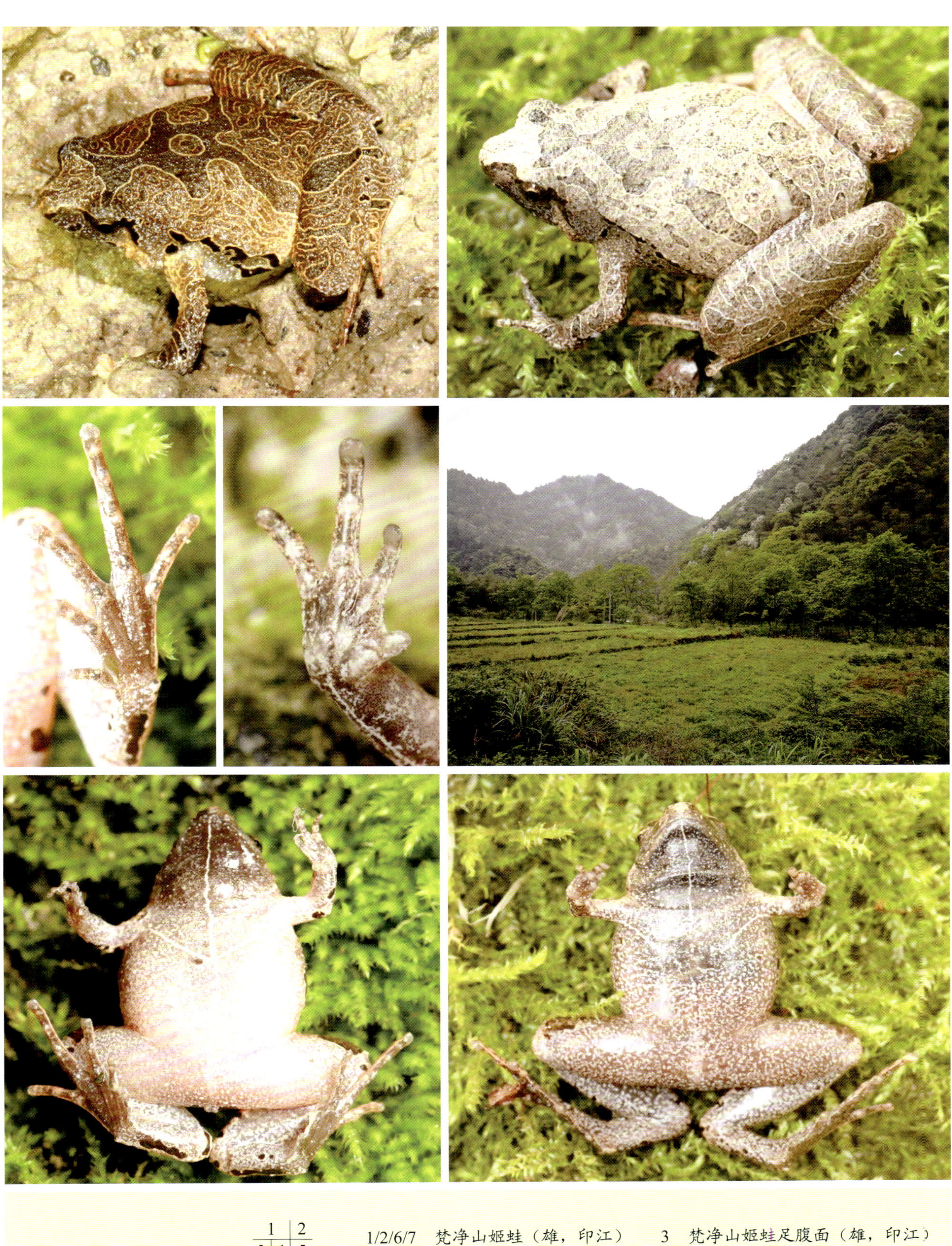

1	2
3 4	5
6	7

1/2/6/7 梵净山姬蛙（雄，印江） 3 梵净山姬蛙足腹面（雄，印江）
4 梵净山姬蛙手腹面（雄，印江） 5 梵净山姬蛙生境（印江）

姬蛙科 Microhylidae Günther, 1858 (1843)

姬蛙属 *Microhyla* Tschudi, 1838

112 饰纹姬蛙

Microhyla fissipes Boulenger, 1884

【英 文 名】

Ornamented Pygmy Frog

【鉴别特征】

体形小，雄蛙体长22mm左右，雌蛙体长23mm左右；指、趾末端圆而无吸盘及纵沟；体背部"∧"形斑少，其第一个"∧"始自两眼间，斜向体后侧；蝌蚪尾鳍色浅而透明，无红色细点。

【生态资料】

生活于海拔1200m以下的丘陵和山地的泥窝、土穴或草丛中。繁殖季节为3—8月。

【地理分布】

贵州分布于正安、印江、德江、松桃、兴义、赤水、毕节、金沙、雷山、罗甸、贵阳、江口、榕江、桐梓、务川、绥阳。国内其他分布区有甘肃、云南、广西、湖北、江西、浙江、湖南、福建、广东、香港、澳门、海南。国外分布于越南、柬埔寨、老挝、泰国。

【种群状态】

种群数量较多。受胁等级为无危（LC）。

饰纹姬蛙（雄，赤水）

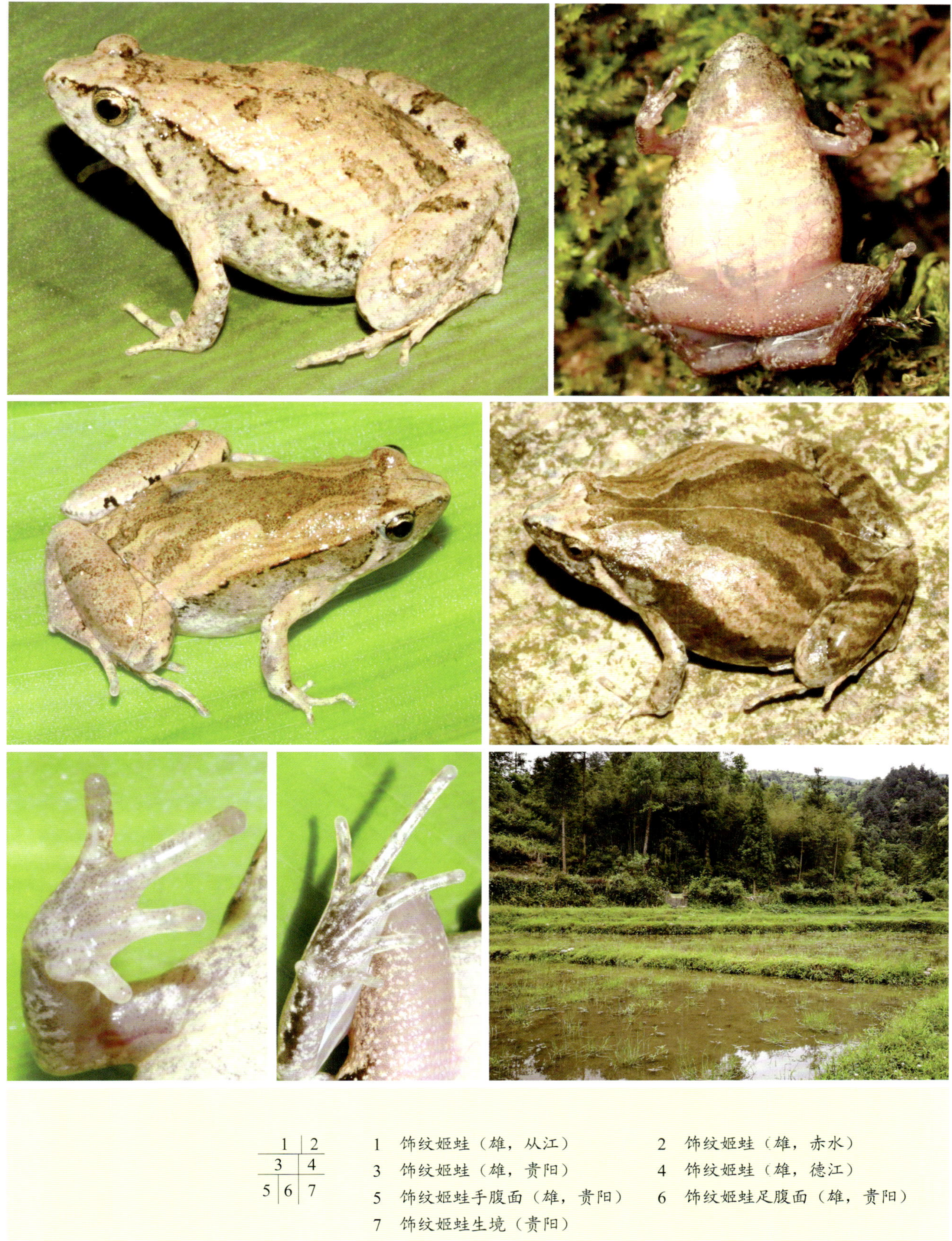

1	2
3	4
5	6	7

1 饰纹姬蛙（雄，从江）
2 饰纹姬蛙（雄，赤水）
3 饰纹姬蛙（雄，贵阳）
4 饰纹姬蛙（雄，德江）
5 饰纹姬蛙手腹面（雄，贵阳）
6 饰纹姬蛙足腹面（雄，贵阳）
7 饰纹姬蛙生境（贵阳）

姬蛙科 Microhylidae Günther, 1858 (1843)

姬蛙属 *Microhyla* Tschudi, 1838

113 小弧斑姬蛙

Microhyla heymonsi Vogt, 1911

【英 文 名】

Arcuate-spotted Pygmy Frog

【鉴别特征】

体略呈三角形；雄蛙体长20mm左右，雌蛙体长23mm左右；趾间具蹼迹；指、趾末端均具吸盘，其背面有纵沟；体背面无明显疣粒；体背中线上有1个或2个深色小弧形斑，呈“（）”形。蝌蚪口部成翻领状肤褶，两眼间和尾中部有银白色横斑。

【生态资料】

生活于海拔300—900m靠山坡的水田、园圃及水沟、水坑边的土隙或草丛中。繁殖季节为4—9月。

【地理分布】

贵州分布于绥阳、赤水、仁怀、江口、印江、松桃、兴义、安龙、毕节、雷山、贵定、罗甸、贵阳、德江、剑河。国内其他分布区有四川、重庆、云南、广西、安徽、江苏、浙江、江西、湖南、福建、台湾、广东、海南。国外分布于越南、柬埔寨、老挝、泰国。

【种群状态】

种群数量多。受胁等级为无危（LC）。

小弧斑姬蛙（雄，安龙）

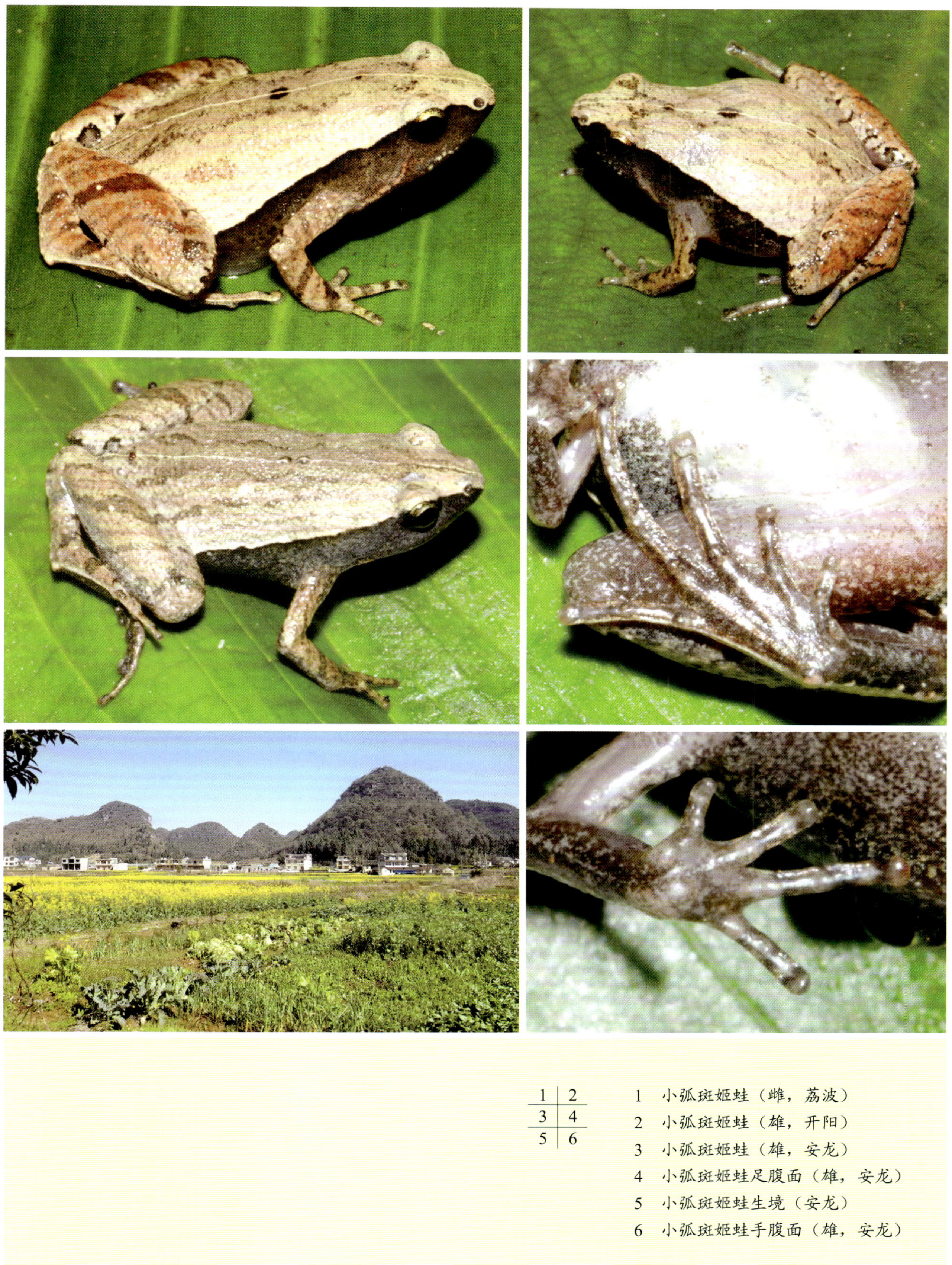

1	2
3	4
5	6

1　小弧斑姬蛙（雌，荔波）
2　小弧斑姬蛙（雄，开阳）
3　小弧斑姬蛙（雄，安龙）
4　小弧斑姬蛙足腹面（雄，安龙）
5　小弧斑姬蛙生境（安龙）
6　小弧斑姬蛙手腹面（雄，安龙）

姬蛙科 Microhylidae Günther, 1858 (1843)

姬蛙属 *Microhyla* Tschudi, 1838

114 花姬蛙

Microhyla pulchra Hallowell, 1860

【英 文 名】

Beautiful Pygmy Frog

【鉴别特征】

体略呈三角形；雄蛙体长约30mm，雌蛙体长约33mm；趾间半蹼；指、趾端均无吸盘及纵沟；体背部有重叠相套的若干个粗细相间的深棕色"∧"形斑，胯部及股后多呈柠檬黄色；整个背面花斑色彩醒目美丽。蝌蚪整个尾鳍有红色细点，边缘不黑。

【生态资料】

生活于海拔1200m以下的水田、园圃及水坑的泥窝、洞穴或草丛中。繁殖季节为3—7月。

【地理分布】

贵州分布于榕江、望谟、从江。国内其他分布区有甘肃、云南、广西、湖北、江西、浙江、湖南、福建、广东、香港、澳门、海南。国外分布于越南、柬埔寨、老挝、泰国。

【种群状态】

种群数量较多。受胁等级为无危（LC）。

花姬蛙（雄，从江）

1	2
3	5
4	

1/2 花姬蛙（雄，从江）
3 花姬蛙手腹面（雄，从江）
4 花姬蛙足腹面（雄，从江）
5 花姬蛙生境（从江）

参考文献

陈继军, 张旋, 杨绍军, 等, 2007. 贵州雷公山自然保护区两栖动物调查报告[J]. 四川动物(4): 826-830.

程彦林, 刘京, 陈龙, 等, 2020. 贵州桐梓发现大别山林蛙[J]. 四川动物, 40(1): 59-65.

邓怀庆, 姚正明, 周江, 2019. 中国茂兰两栖爬行动物[M]. 北京: 科学出版社.

费梁, 胡淑琴, 叶昌媛, 等, 2006. 中国动物志: 两栖纲: 上卷: 总论, 蚓螈目, 有尾目[M]. 北京: 科学出版社.

费梁, 胡淑琴, 叶昌媛, 等, 2009a. 中国动物志: 两栖纲: 中卷: 无尾目[M]. 北京: 科学出版社.

费梁, 胡淑琴, 叶昌媛, 等, 2009b. 中国动物志: 两栖纲: 下卷: 无尾目蛙科[M]. 北京: 科学出版社.

费梁, 叶昌媛, 黄永昭, 1990. 中国两栖动物检索[M]. 北京：科学技术文献出版社.

费梁, 叶昌媛, 江建平, 2012. 中国两栖动物及其分布彩色图鉴[M]. 成都：四川科学技术出版社.

谷晓明, 陈蓉蓉, 王会, 等, 2012. 基于部分线粒体DNA序列的疣螈属亚属(有尾目, 蝾螈科,疣螈属)系统发育关系[J]. 动物分类学报, 37(1): 20-28.

黄威廉, 屠玉麟, 1983. 贵州植被区划[J]. 贵州师范大学学报(自然科学版)(1): 26-47.

江建平, 谢锋, 臧春鑫, 等, 2016. 中国两栖动物受威胁现状评估[J]. 生物多样性, 24(5): 588-597.

蒋志刚, 江建平, 王跃招, 等, 2016. 中国脊椎动物红色名录[J]. 生物多样性, 24(5): 500-551.

李光容, 魏刚, 张海波, 等, 2016. 贵州省两栖动物新纪录: 腹斑掌突蟾[J]. 野生动物学报, 37(2): 178-180.

李仕泽, 刘京, 徐宁, 等, 2020. 贵州省两栖动物新纪录种: 中华湍蛙及其蝌蚪描述[J]. 四川动物, 39(1): 75-80.

李仕泽, 石磊, 吕敬才, 等, 2016. 贵州省两栖动物新纪录: 宜章臭蛙及其系统发育分析[J]. 动物学杂志, 51(6): 1110-1117.

李仕泽, 徐宁, 刘京, 等, 2020. 贵州省两栖动物名录修订[J]. 四川动物, 39(6): 694-710.

李树深, 费梁, 叶昌媛, 1991. 中国两种掌突蟾的细胞遗传学研究[J]. 遗传学报, 18(6)：495-499.

李树深, 胡健生, 费梁, 等, 1994. 福建武夷山二种锄足蟾科无尾类的核型和银染观察[J]. 两栖爬行动物研究: 16-18.

李松, 田应洲, 谷晓明, 2008b. 瘰螈属 (有尾目, 蝾螈科)一新种[J]. 动物分类学报, 32(2): 410-413.

李松, 田应洲, 谷晓明, 2010. 拟小鲵属(有尾目, 小鲵科)一新种[J]. 动物分类学报, 35(2): 407-412.

李松, 田应洲, 谷晓明, 等, 2008a. 瘰螈属一新种: 龙里瘰螈 (有尾目: 蝾螈科) [J]. 动物学研究, 29(3): 313-317.

刘承钊, 胡淑琴, 杨扶华, 1962. 贵州西部两栖类初步调查报告[J]. 动物学报, 14(3): 381-392.

刘京, 李仕泽, 程彦林, 等, 2020. 贵州赤水发现峨眉角蟾[J]. 动物学杂志, 55(1): 44-52.

刘京, 李仕泽, 程彦林, 等, 2021. 贵州省两栖动物新记录种: 武陵掌突蟾[J]. 四川动物, 40(2): 189-195.

罗志远, 吴名剑, 尹智力, 等, 2017. 贵州省河流水系概况及基本特征分析[J]. 吉林水利, 12: 29-32.

吕敬才, 牛克锋, 李仕泽, 等, 2014. 贵州省梵净山国家级自然保护区发现川南短腿蟾[J]. 动物学杂志, 49(3): 432-434.

牛克锋, 杨业勤, 2012. 贵州发现短肢角蟾[J]. 动物学杂志, 47(6): 119-120.

容丽, 杨龙, 2004. 贵州的生物多样性与喀斯特环境[J]. 贵州师范大学学报(自然科学版)(4): 1-6.

粟海军, 张明明, 2015. 贵州省自然保护区管理基础现状定量评价与分析[J]. 西部林业科学, 44(1): 135-141.

田应洲, 谷晓明, 孙爱群, 2000. 中国角蟾属一新种(两栖纲: 锄足蟾科) [J]. 动物分类学报, 25(4): 462-466.

田应洲, 谷晓明, 孙爱群, 等, 1998. 贵州省拟小鲵属(有尾目: 小鲵科)一新种: 水城拟小鲵[J]. 六盘水师专学报(4): 7-13.

王超, 田应洲, 谷晓明, 2013. 瘰螈属(有尾目, 蝾螈科)一新种[J]. 动物分类学报, 38(2): 388-397.

王孜昌, 王宏艳, 2002. 贵州省气候特点与植被分布规律简介[J]. 贵州林业科技(4): 46-50.

魏刚, 徐宁, 1989. 贵州两栖动物区系及地理区划研究[J]. 动物学研究, 10(3): 241-249.

魏刚, 张维勇, 郭鹏, 2017. 梵净山两栖爬行动物[M]. 贵阳: 贵州科技出版社.

伍律, 董谦, 须润华, 1986. 贵州两栖类志[M]. 贵阳: 贵州人民出版社.

肖宁, 罗庆华, 罗涛, 2019. 贵州分布长肢林蛙种组物种一新记录: 徂徕林蛙[J]. 四川动物, 38(6): 616-622.

肖宁, 罗庆华, 罗涛, 等, 2019b. 贵州分布树蛙科泛树蛙属两新纪录: 凹顶泛树蛙、布氏泛树蛙[J]. 四川动物, 38(5): 496-505.

徐宁, 曾小茂, 傅金钟, 2007. 中国拟小鲵属(有尾目, 小鲵科) 一新种记述[J]. 动物分类学报, 32(1): 230-233.

印显明, 2013. 赤水桫椤国家级自然保护区脊椎动物多样性研究[D]. 重庆: 西南大学.

张殿发, 王世杰, 李瑞玲, 2002. 贵州省喀斯特山区生态环境脆弱性研究[J]. 地理学与国土研究, 18(1): 77-79.

张继, 周旭, 蒋啸, 等, 2019. 贵州高原不同地貌区和植被类型水分利用效率的时空分异特征[J]. 山地学报, 37(2): 173-185.

张雷, 冉辉, 沈正雄, 等, 2010b. 贵州省两栖动物新纪录: 镇海林蛙[J]. 贵州农业科学, 38(26): 14442.

张明明, 张海波, 魏刚, 等, 2016. 贵州首次发现合江棘蛙[J]. 动物学杂志, 51(4): 671-674.

张荣祖, 2011. 动物地理区划: 中国动物地理[M]. 北京: 科学出版社.

朱孟, 周忠发, 蒋翼, 等, 2020. 基于贵州高原地貌分区的降水时空异质性特征[J]. 水土保持研究, 27(3): 181-189.

CHEN J M, ZHOU W W, NIKOLAY A, et al., 2017. A novel multilocus phylogenetic estimation reveals unrecognized diversity in Asia toads, genus *Megophrys* sensu lato (Anura: Megophryidae) [J]. Molecular Phylogenetics and Evolution, 106: 28-43.

CHENG Y L, SHI S C, LI J Q, et al., 2021. A new species of the Asian leaf litter toad genus *Leptobrachella* Smith, 1925 (Anura, Megophryidae) from northwest Guizhou Province, China[J]. ZooKeys, 1021: 81-107.

DUFRESNES C, LITVINCHUK S N, 2022. Diversity, distribution and molecular species delimitation in frogs and toads from the Eastern Palaearctic[J]. Zoological Journal of the Linnean Society, 195: 695-760.

FROST D R, 2020. Amphibian species of the world. Version 6.0. Eletronic database. American Museum of Natural History, New York [EB/OL]. [2022-07-06]. http://research.amnh.org/vz/herpetology/amphibia/index.html.

FU J Z, WEADICK C J, ZENG X M, et al., 2005. Phylogeographic analysis of the *Bufo gargarizans* species complex: A revisit[J]. Molecular Phylogenetics and Evolution, 37: 202-213.

GU X M, CHEN R R, TIAN Y Z, et al., 2012. A new species of *Paramesotriton* (Caudata: Salamandridae) from Guizhou Province, China[J]. Zootaxa, 3510: 41-52.

HUANG Y, HU J H, WANG B, et al., 2016. Integrative taxonomy helps to reveal the mask of the genus *Gynandropaa* (Amphibia: Anura: Dicroglossidae)[J]. Integrative Zoology, 11: 134-150.

JIANG, K, REN J L, LYU Z T, et al., 2021. Taxonomic revision of *Amolops chunganensis* (Pope, 1929) (Amphibia: Anura) and description of a new species from southwestern China, with discussion on *Amolops monticola* group and assignment of species groups of the genus *Amolops*[J]. Zoological Research, 42: 574-591.

LI S Z, LIU J, SHI S C, et al., 2022a. Description of a new species of the newt genus *Tylototriton* sensu lato (Amphibia: Urodela: Salamandridae) from southwestern China[J]. Zootaxa, 5128: 248-268.

LI S Z, LIU J, WEI G, et al., 2020a. A new species of the Asian leaf litter toad genus *Leptobrachella* (Amphibia, Anura, Megophryidae) from southwest China[J]. ZooKeys, 943: 91-118.

LI S Z, LIU J, YANG G P, et al., 2022b. A new toad species of the genus *Brachytarsophrys* Tian & Hu, 1983 (Anura, Megophryidae) from Guizhou Province, China[J]. Biodiversity Data Journal, 10 (e79984): 1-25.

LI S Z, LU N N, LIU J, et al., 2020b. Description of a new *Megophrys* Kuhl & Van Hasselt, 1822 (Anura, Megophryidae) from Guizhou Province, China[J]. ZooKeys, 986: 101-126.

LI S Z, WEI G, CHENG Y L, et al., 2020b. Description of a new species of the Asian newt genus *Tylototriton* sensu lato (Amphibia: Urodela: Salamandridae) from southwest China[J]. Asian Herpetological Research, 11: 282-296.

LI S Z, WEI G, XU N, et al., 2019a. A new species of the Asian music frog genus *Nidirana* (Amphibia, Anura, Ranidae) from southwestern China[J]. PeerJ, 7(e7157): 1-27.

LI S Z, XU N, LIU J, et al., 2018b. A New Species of the Asian Toad Genus *Megophrys sensu lato* (Amphibia: Anura: Megophryidae) from Guizhou Province, China[J]. Asian Herpetological Research, 9(4): 224-239.

LI S Z, ZHANG M H, XU N, et al., 2019b. A new species of the genus *Microhyla* (Amphibia: Anura: Microhylidae) from Guizhou Province, China[J]. Zootaxa, 4624: 551-575.

LI Y, ZHANG D D, LYU Z T, et al., 2020. Review of the genus *Brachytarsophrys* (Anura: Megophryidae), with revalidation of *Brachytarsophrys platyparietus* and description of a new species from China[J]. Zoological Research, 41(2): 105-122.

LIU J, LI S Z, WEI G, et al., 2020. A New Species of the Asian Toad Genus *Megophrys* sensu lato (Anura:

Megophryidae) from Guizhou Province, China[J]. Asian Herpetological Research, 11(1): 1-18.

LIU Z Y, ZHU T Q, ZENG Z C, et al., 2018. Prevalence of cryptic species in morphologically uniform taxa–Fast speciation and evolutionary radiation in Asian frogs[J]. Molecular Phylogenetics and Evolution, 127: 723-731.

LUO T, WANG S, XIAO N, et al., 2021b. A new species of Odorous Frog genus *Odorrana* (Anura, Ranidae) from southern Guizhou Province, China[J]. Asian Herpetological Research, 12: 381-398.

LUO T, WANG Y, WANG S, et al., 2021a. A species of the genus *Panophrys* (Anura, Megophryidae) from southeastern Guizhou Province, China[J]. ZooKeys, 1047: 27-60.

LUO T, XIAO N, GAO K, et al., 2020. A new species of *Leptobrachella* (Anura, Megophryidae) from Guizhou Province, China[J]. ZooKeys, 923: 115-140.

LUO T, YAN S, XIAO N, et al., 2022. A new species of the genus *Tylototriton* (Amphibia: Urodela: Salamandridae) from the Eastern Dalou Mountains in Guizhou, China[J]. Zoological Systematics: 47.

LYU J C, DAI L L, WEI P F, et al., 2020. A new species of the genus *Leptobrachella* Smith, 1925 (Anura, Megophryidae) from Guizhou, China[J]. ZooKeys, 1008: 139-157.

LYU Z T, ZENG Z C, WAN H, et al., 2019. A new species of *Amolops* (Anura: Ranidae) from China, with taxonomic comments on *A. liangshanensis* and Chinese populations of *A. marmoratus*[J]. Zootaxa, 4609: 247-268.

Othman S N, Litvinchuk S N, Maslova I, et al., 2022. From Gondwana to the Yellow Sea, evolutionary diversifications of true toads *Bufo* sp. in the Eastern Palearctic and a revisit of species boundaries for Asian lineages[J]. eLife, 11: e70494.

SHEN H, ZHU Y J, LI Z, et al., 2020. Reevaluation of the holotype of *Odorrana schmackeri* Boettger, 1892 (Amphibia: Anura: Ranidae) and characterization of one cryptic species in *O. schmackeri* sensu lato through integrative approaches[J]. Asian Herpetological Research, 11: 297-311.

SU H J, SHI S C, WU Y Q, et al., 2020. Description of a new horned toad of *Megophrys* Kuhl & Van Hasselt, 1822 (Anura, Megophryidae) from southwest China[J]. ZooKeys, 974: 131-159.

WANG B, NISHIKAWA K, MATSUI M, et al., 2018. Phylogenetic surveys on the newt genus *Tylototriton* sensu lato (Salamandridae, Caudata) reveal cryptic diversity and novel diversification promoted by historical climatic shifts[J]. PeerJ, 6: e4384.

WANG J, LI Y L, LI Y, CHEN H H, et al., 2019. Morphology, molecular genetics, and acoustics reveal two new species of the genus *Leptobrachella* from northwestern Guizhou Province, China (Anura, Megophryidae) [J]. ZooKeys, 848: 119-154.

WANG J, LYU Z T, QI S, et al., 2020. Two new *Leptobrachella* species (Anura, Megophryidae) from the Yunnan-Guizhou Plateau, southwestern China[J]. ZooKeys, 995: 97-125.

WEI G, LI S Z, LIU J, et al., 2020. A new species of the music frog *Nidirana* (Anura, Ranidae) from Guizhou Province, China[J]. ZooKeys, 904: 63-87.

WEN G N, YANG W Z, FU J Z, 2015. Population Genetic Structure and Species Status of Asiatic Toads (Bufo gargarizans) in Western China[J]. ZOOLOGICAL SCIENCE, 32: 427-434.

XU N, LI S Z, LIU J, et al., 2020. A new species of the horned toad *Megophrys* Kuhl & Van Hasselt, 1822 (Anura, Megophryidae) from southwest China[J]. ZooKeys, 943: 119-144.

ZENG J, WANG J S, YU G H, et al., 2021. A new species of Kurixalus (Anura, Rhacophoridae) from Guizhou, China[J]. Zoological Research, 42: 227-233.

中文名索引

A

安龙臭蛙 176

安龙角蟾 104

凹顶泛树蛙 236

B

岜沙掌突蟾 76

白线树蛙 246

斑腿泛树蛙 238

毕节掌突蟾 78

布氏泛树蛙 234

C

赤水角蟾 106

赤水掌突蟾 80

崇安湍蛙 208

川村陆蛙 214

川南短腿蟾 96

从江角蟾 108

粗皮姬蛙 256

徂徕林蛙 154

D

大别山林蛙 146

大绿臭蛙 180

大鲵 42

大蹼铃蟾 70

大树蛙 244

滇蛙 170

侗掌突蟾 82

多疣狭口蛙 254

E

峨眉角蟾 118

峨眉林蛙 150

峨眉树蛙 250

峨眉髭蟾 72

F

梵净山姬蛙 258

梵净山角蟾 110

腹斑掌突蟾 92

G

贵州臭蛙 188

贵州拟小鲵 34

贵州疣螈 48

H

寒露林蛙 148

合江臭蛙 182

合江棘蛙 224

黑斑侧褶蛙 158

黑点树蛙 248

黑眶蟾蜍 132

红点齿蟾 130

虎纹蛙 218

花臭蛙 196

花姬蛙 264

华西蟾蜍 136

华西雨蛙 138

黄岗臭蛙 184

J

棘侧蛙 226

棘腹蛙 222

棘胸蛙 228

棘指角蟾 122

江氏角蟾 116

金佛拟小鲵 36

金沙掌突蟾 86

经甫树蛙 242

锯腿原指树蛙 230

K

宽阔水拟小鲵 38

阔褶水蛙 162

L

蓝尾蝾螈 44

雷山角蟾 112

雷山琴蛙 168
雷山髭蟾 74
利川齿蟾 128
荔波臭蛙 190
荔波角蟾 114
龙里瘰螈 58
龙胜臭蛙 192
绿臭蛙 194

M
茅索角蟾 126
茂兰瘰螈 62
茂兰疣螈 50

P
平顶短腿蟾 100
珀普短腿蟾 98

Q
黔北角蟾 120
黔南短腿蟾 102

R
饶氏原指树蛙 232

S
三港雨蛙 142
饰纹姬蛙 260
双团棘胸蛙 220
水城角蟾 124
水城拟小鲵 40
水城湍蛙 210
水城掌突蟾 84
绥阳掌突蟾 90

T
台北纤蛙 164
桐梓疣螈 52

W
威宁蛙 156
尾斑瘰螈 56
文县疣螈 54
无斑雨蛙 140
无声囊泛树蛙 240
无指盘臭蛙 178
武陵瘰螈 64
武陵掌突蟾 94
务川臭蛙 200

X
仙琴蛙 166
小弧斑姬蛙 262

Y
瑶山肥螈 46
叶氏琴蛙 172
宜昌臭蛙 204
宜章臭蛙 202
云南臭蛙 174
云南小狭口蛙 252
筠连臭蛙 186

Z
泽陆蛙 216
钊琴湍蛙 206
昭觉林蛙 144
沼水蛙 160
镇海林蛙 152
织金瘰螈 66
中华蟾蜍 134
中华湍蛙 212
竹叶蛙 198
紫腹掌突蟾 88

学名索引

A

Amolops chaochin Jiang, Ren, Lyu and Li, 2021 206

Amolops chunganensis Pope, 1929 208

Amolops shuichengicus Lyu and Wang, 2019 210

Amolops sinensis Lyu, Wang and Wang, 2019 212

Andrias davidianus (Blanchard, 1871) 42

B

Bombina maxima Boulenger, 1905 70

Boulenophrys anlongensis Li, Lu, Liu and Wang, 2020 104

Boulenophrys chishuiensis Xu, Li, Liu, Wei and Wang, 2020 106

Boulenophrys congjiangensis Luo, Wang, Wang, Lu, Wang, Deng and Zhou, 2021 108

Boulenophrys fanjingmontis (Zhang, Liang, Ran and Shen, 2012) 110

Boulenophrys jiangi Liu, Li, Wei, Xu, Cheng, Wang and Wu, 2020 116

Boulenophrys leishanensis Li, Xu, Liu, Jiang, Wei and Wang, 2018 112

Boulenophrys liboensis Zhang, Li, Xiao, Li, Pan, Wang, Zhang and Zhou, 2017 114

Boulenophrys omeimontis Liu, 1950 118

Boulenophrys qianbeiensis Su, Shi, Wu, Li, Yao, Wang and Li, 2020 120

Boulenophrys shuichengensis Tian and Sun, 1995 124

Boulenophrys spinata Liu and Hu, 1973 122

Brachytarsophrys chuannanensis (Fei, Ye and Huang, 2001) 96

Brachytarsophrys platyparietus Rao and Yang, 1997 100

Brachytarsophrys popei Zhao, Yang, Chen, Chen and Wang, 2014 98

Brachytarsophrys qiannanensis Li, Liu, Yang, Wei and Su, 2022 102

Bufo andrewsi Schmidt, 1925 136

Bufo gargarizans Cantor, 1842 134

C

Cynops cyanurus Liu, Hu and Yang, 1962 44

D

Duttaphrynus melanostictus Schneider, 1799 132

F

Fejervarya kawamurai Djong, Matsui, Kuramoto, Nishioka and Sumida, 2011 214

Fejervarya multistriata Hallowell, 1860 216

G

Glyphoglossus yunnanensis Boulenger, 1919 252

H

Hoplobatrachus chinensis Osbeck, 1765 218
Hyla annectan Jerdon, 1870 138
Hyla immaculata Boettger, 1888 140
Hyla sanchiangensis Pope, 1929 142
Hylarana guentheri Boulenger, 1882 160
Hylarana latouchii Boulenger, 1899 162
Hylarana taipehensis Van Denburgh, 1909 164

K

Kaloula verrucosa Boulenger, 1904 254
Kurixalus odontotarsus Ye and Fei, 1993 230
Kurixalus raoi Zeng, Wang, Yu and Du, 2021 232

L

Leptobrachella bashaensis Lyu, Dai, Wei, He, Yuan, Shi, Zhou, Ran, Kuang, Guo, Wei and Yuan, 2020 76
Leptobrachella bijie Wang, Li, Li, Chen and Wang, 2019 78
Leptobrachella chishuiensis Li, Liu, Wei and Wang, 2020 80
Leptobrachella dong Liu, Shi, Li, Zhang, Xiang, Wei and Wang, 2023 82
Leptobrachella dorsospina Wang, Lyu, Qi and Wang, 2020 84
Leptobrachella jinshaensis Cheng, Shi, Li, Liu, Li and Wang, 2021 86
Leptobrachella purpuraventra Wang, Li, Li, Chen and Wang, 2019 88
Leptobrachella suiyangensis Luo, Xiao, Gao and Zhou, 2020 90
Leptobrachella ventripunctata (Fei, Ye and Li, 1990) 92
Leptobrachella wulingensis Qian, Xia, Cao, Xiao and Yang, 2020 94
Leptobrachium boringii Liu, 1945 72
Leptobrachium leishanensis Liu and Hu, 1973 74

M

Microhyla butleri Boulenger, 1900 256
Microhyla fanjingshanensis Li, Zhang, Xu, Lv and Jiang, 2019 258
Microhyla fissipes Boulenger, 1884 260
Microhyla heymonsi Vogt, 1911 262
Microhyla pulchra Hallowell, 1860 264

N

Nanorana phrynoides Boulenger, 1917 220
Nidirana daunchina Chang, 1933 166
Nidirana leishanensis Li, Wei, Xu, Cui, Fei, Jiang, Liu and Wang, 2019 168
Nidirana pleuraden Boulenger, 1904 170
Nidirana yeae Wei, Li, Liu, Cheng, Xu and Wang, 2020 172

O

Odorrana anlungensis Liu and Hu, 1973 176
Odorrana grahami Boulenger, 1917 178
Odorrana graminea Boulenger, 1899 180
Odorrana hejiangensis Deng and Yu, 1992 182
Odorrana huanggangensis Chen, Zhou and Zheng, 2010 184
Odorrana ichangensis Chen, 2020 204
Odorrana junlianensis Huang, Fei and Ye, 2001 186
Odorrana kweichowensis Li, Xu, Lv, Jiang, Wei and Wang, 2018 188
Odorrana liboensis Luo, Wang, Xiao, Wang and Zhou, 2021 190
Odorrana lungshengensis Liu and Hu, 1962 192

Odorrana margaretae Liu, 1950 194
Odorrana schmackeri Boettger, 1892 196
Odorrana versabilis Liu and Hu, 1962 198
Odorrana wuchuanensis Xu, 1983 200
Odorrana yizhangensis Fei, Ye and Jiang, 2007 202
Odorrana yunnanensis Anderson, 1879 174
Oreolalax lichuanensis Hu and Fei, 1979 128
Oreolalax rhodostigmatus Hu and Fei, 1979 130

P

Pachytriton inexpectatus Nishikawa, Jiang, Matsui and Mo, 2010 46
Paramesotriton caudopunctatus Liu and Hu, 1973 56
Paramesotriton longliensis Li, Tian, Gu and Xiong, 2008 58
Paramesotriton maolanensis Gu, Chen, Tian, Li and Ran, 2012 62
Paramesotriton wulingensis Wang, Tian and Gu, 2013 64
Paramesotriton zhijinensis Li, Tian and Gu, 2008 66
Pelophylax nigromaculatus Hallowell, 1860 158
Polypedates braueri Vogt, 1911 234
Polypedates impresus Yang, 2008 236
Polypedates megacephalus Hallowell, 1861 238
Polypedates mutus Smith, 1940 240
Pseudohynobius guizhouensis Li, Tian and Gu, 2010 34
Pseudohynobius jinfo Wei, Xiong and Zeng, 2009 36
Pseudohynobius kuankuoshuiensis Xu and Zeng, 2007 38
Pseudohynobius shuichengensis Tian, Gu, Sun and Li, 1998 40

Q

Quasipaa boulengeri Günther, 1889 222
Quasipaa robertingeri Wu and Zhao, 1995 224
Quasipaa shini Ahl, 1930 226
Quasipaa spinosa David, 1875 228

R

Rana chaochiaoensis Liu, 1946 144
Rana culaiensis Li, Lu and Li, 2008 154
Rana dabieshanensis Wang, Qian, Zhang, Guo, Pan, Wu, Wang and Zhang, 2017 146
Rana hanluica Shen, Jiang and Yang, 2007 148
Rana omeimontis Ye and Fei, 1993 150
Rana weiningensis Liu, Hu and Yang, 1962 156
Rana zhenhaiensis Ye, Fei and Matsui, 1995 152

T

Tylototriton kweichowensis Fang and Chang, 1932 48
Tylototriton maolanensis Li, Wei, Cheng, Zhang and Wang, 2020 50
Tylototriton tongziensis Li, Liu, Shi, Wei and Wang, 2022 52
Tylototriton wenxianensis Fei, Ye and Yang, 1984 54

X

Xenophrys maosonensis Bourret, 1937 126

Z

Zhangixalus chenfui Liu, 1945 242
Zhangixalus dennysi Blanford, 1881 244
Zhangixalus leucofasciatus Liu and Hu, 1962 246
Zhangixalus nigropunctatus Liu, Hu and Yang, 1962 248
Zhangixalus omeimontis Stejneger, 1924 250